GONGYE JIQIREN
JICHENG YINGYONG

工业机器人
集成应用

韩鸿鸾　苗蓉　陶立慧　滕今朝　编著

U0231326

化学工业出版社
·北京·

内容简介

本书面向非工业机器人专业，如数控专业、电气自动化专业，是融合专业知识与创新创业知识的书籍。本书内容包括机器人集成应用基础、ABB 工业机器人的应用、工业机器人通信与工业机器人视觉、虚拟工作站的构建、工业机器人故障的维修与调整和典型工业机器人工作站的集成等。本书适合工厂中从事工业机器人集成工作的人员使用。

图书在版编目（CIP）数据

工业机器人集成应用/韩鸿鸾等编著.—北京：化学工业出版社，2024.5

ISBN 978-7-122-44927-6

Ⅰ.①工… Ⅱ.①韩… Ⅲ.①工业机器人-系统集成技术-研究 Ⅳ.①TP242.2

中国国家版本馆 CIP 数据核字（2024）第 082034 号

责任编辑：王　烨		文字编辑：王　硕
责任校对：田睿涵		装帧设计：王晓宇

出版发行：化学工业出版社
　　　　　（北京市东城区青年湖南街 13 号　邮政编码 100011）
印　　刷：北京云浩印刷有限责任公司
装　　订：三河市振勇印装有限公司
787mm×1092mm　1/16　印张 16　字数 427 千字
2024 年 8 月北京第 1 版第 1 次印刷

购书咨询：010-64518888　　　　　售后服务：010-64518899
网　　址：http://www.cip.com.cn
凡购买本书，如有缺损质量问题，本社销售中心负责调换。

定　　价：79.80 元

前言
PREFACE

《中国制造2025》指出，要把智能制造作为"两化"(信息化与工业化)深度融合的主攻方向，其中工业机器人是主要抓手。在智能制造装备中，机器人，尤其是智能机器人是重中之重。近年来，我国机器人行业在国家政策的支持下，顺势而为，发展迅速，已成为世界第一大工业机器人市场。

工业机器人作为一种高科技集成装备，对专业人才有着多层次的需求，主要分为研发工程师、系统设计与应用工程师、调试工程师和操作及维护人员四个层次。

对应于专业人才层次分布，工业机器人专业人才服务方向主要分为工业机器人研发和生产企业、工业机器人系统集成商和工业机器人应用企业。掌握技术核心知识的研发工程师主要分布在工业机器人研发企业和生产企业的研发部门，推动工业机器人技术发展；而工业机器人应用企业和工业机器人系统集成商则需要大量调试工程师和操作及维护人员，工作在生产一线，保障设备的正常运行和简单细微的调整，同时工业机器人研发与生产企业也需要大量的培训技师及懂一定专业知识的销售人员。本书正是基于此背景，为满足这一需求而编写的。

本书撰写始终贯彻"守正创新、独具创意"的根本。守正是指"国家标准、科学方法和产品品质"；创新是指"新技术、新产业、新业态和新模式"。本书具有如下特色。

1. 坚定历史自信、文化自信，坚持古为今用、推陈出新。通过多位一体表现模式和教、学、做之间的引导和转换，强化学生学中做、做中学训练，潜移默化地提升岗位管理能力。采用任务驱动式的教学设计，强调互动式学习、训练，激发学生的双创能力，快速有效地将知识内化为技能、能力。

2. 坚持理论与实践相结合，体现了"实践没有止境，理论创新也没有止境"的理论。基于岗位知识需求，系统化、规范化学习内容；针对学生的群体特征，以可视化内容为主，通过图片等形式表现学习内容，降低学生的学习难度，培养学生的兴趣和信心，提高学生自主学习的效率和效果。

3. 培育创新文化，弘扬科学家精神，涵养优良学风，营造创新氛围。做到"举一反三、触类旁通"，启发学生动手、动脑、多看，做到勇于实践、敢于创新。

4. 不忘初心，牢记使命。党的二十大报告中提到"实施科教兴国战略，强化现代化人才支撑"。应坚持党的领导，忠于党的教育事业。

5. 校企深度融合，培养学生职业素养。在撰写过程中，编者广泛采用工业机器人应用企业中技术人员的经验和建议，结合企业用人需求，在内容上融入专业职业能力的培养。

6. 课程思政，培根铸魂，在撰写过程中融入思政元素，将严谨、精细、工匠精神融入其中；以培养高素质的技术技能人才、能工巧匠为具体目标，教会学生真本领，培养对社会有作为、对国家有担当的职业技能人才。

7. 守正创新，全面贯彻党的教育方针。认真研究职教领域一系列改革文件精神，特别是在撰写内容、表现形式等方面借助信息化手段提升质量，突出重点，有效地提高学习效果，为社会培养德智体美劳全面发展的高素质技术技能人才，为国家发展储备支撑人才。

本书由威海职业学院（威海市技术学院）韩鸿鸾、苗蓉、陶立慧、滕今朝编著。 本书是职业教育相关课题的研究成果❶。 全书由韩鸿鸾统稿。

本书撰写过程中得到了柳道机械、天润泰达、西安乐博士、上海 ABB、KUKA、山东立人科技有限公司等工业机器人生产企业，以及北汽（黑豹）汽车有限公司、山东新北洋信息技术股份有限公司、豪顿华（英国）工程有限公司、联轿仲精机械（日本）有限公司等工业机器人应用企业的大力支持；得到了众多职业院校的帮助；本书撰写过程中还得到了山东省、河南省、河北省、江苏省、上海市等地技能鉴定部门的大力支持，在此深表谢意。

由于时间仓促，编者水平有限，书中不足之处在所难免，感谢广大读者给予批评指正。

编者

于山东威海

---

❶ 第二届黄炎培职业教育思想研究规划课题，重点项目(ZJS2024ZN023)；
课题名称：产教协同理念下的高职院校数控专业教育与创新创业教育相融合的研究与实践；
主持人：韩鸿鸾。

第1章

机器人集成应用基础

1.1 工业机器人的组成与工作原理

1.1.1 工业机器人的组成

工业机器人通常由执行机构、驱动系统、控制系统和传感系统四部分组成，如图 1-1 所示。

1.1.1.1 执行机构

执行机构是机器人赖以完成工作任务的实体，通常由一系列连杆、关节或其他形式的运动副所组成。它从功能的角度可分为手部、腕部、臂部、腰部和机座，如图 1-2 所示。

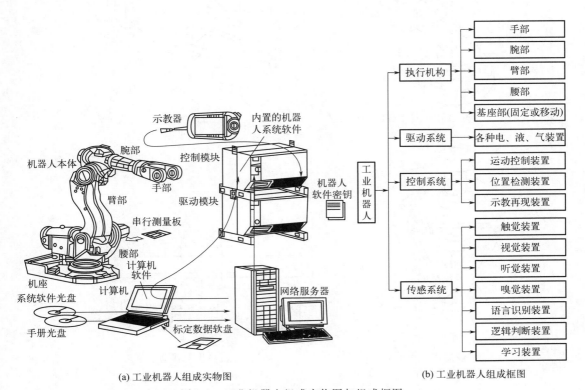

(a) 工业机器人组成实物图　　(b) 工业机器人组成框图

图 1-1　工业机器人组成实物图与组成框图

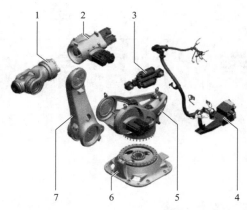

图 1-2　KR 1000 titan 的主要组件

1—机器人腕部；2—小臂；3—平衡配重；4—电气设备；
5—转盘（腰部）；6—底座（机座）；7—大臂

（1）手部

工业机器人的手部也叫作末端执行器，是装在机器人手腕上直接抓握工件或执行作业的部件。手部对于机器人来说是决定完成作业好坏、作业柔性好坏的关键部件之一。

1）机械钳爪式手部结构

机械钳爪式手部按夹取的方式，可分为内撑式和外夹式两种，分别如图 1-3 与图 1-4 所示。两者的区别在于夹持工件的部位不同，手爪动作的方向相反。

由于采用两爪内撑式手部夹持时不易达到稳定，工业机器人多用内撑式三指钳爪来夹持工件，如图 1-5 所示。

从机械结构特征、外观与功用来区分，钳爪式手部还有多种结构形式，下面介绍几种不同形式的手部机构。

① 齿轮齿条移动式手爪，如图 1-6 所示。图中，T 表示线性移动。

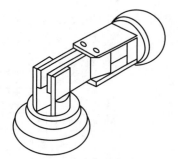

图 1-3　内撑钳爪式手部的夹取方式

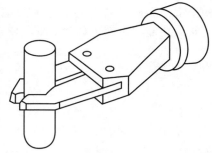

图 1-4　外夹钳爪式手部的夹取方式

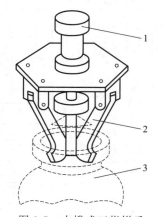

图 1-5　内撑式三指钳爪

1—手指驱动电磁铁；2—钳爪；3—工件

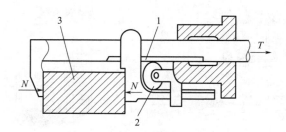

图 1-6　齿轮齿条移动式手爪

1—齿条；2—齿轮；3—工件

② 重力式钳爪，如图 1-7 所示。

③ 平行连杆式钳爪，如图 1-8 所示。

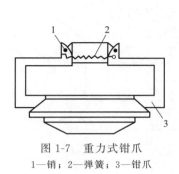

图 1-7　重力式钳爪
1—销；2—弹簧；3—钳爪

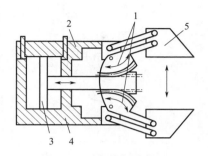

图 1-8　平行连杆式钳爪
1—扇形齿轮；2—齿条；3—活塞；4—气（油）缸；5—钳爪

④ 拨杆杠杆式钳爪，如图 1-9 所示。

⑤ 自动调整式钳爪，如图 1-10 所示。自动调整式钳爪的调整范围在 0～10mm 之内，自动调整式钳爪适用于抓取多种规格的工件，当更换产品时可更换 V 形钳爪。

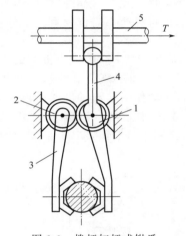

图 1-9　拨杆杠杆式钳爪
1—齿轮 1；2—齿轮 2；3—钳爪；4—拨杆；5—驱动杆

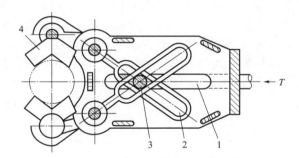

图 1-10　自动调整式钳爪
1—推杆；2—滑槽；3—轴销；4—V 形钳爪

2）钩托式手部

钩托式手部主要特征是不靠夹紧力来夹持工件，而是利用手指对工件钩、托、捧等动作来托持工件。应用钩托方式可降低驱动力的要求，简化手部结构，甚至可以省略手部驱动装置。它适用于在水平面内和垂直面内做低速移动的搬运工作，对大型、笨重的工件或结构粗大而质量较小且易变形的工件更为有利。钩托式手部可分为无驱动装置型和有驱动装置型。

① 无驱动装置型。无驱动装置型的钩托式手部中，手指动作通过传动机构，借助臂部的运动来实现，手部无单独的驱动装置。图 1-11（a）所示为一种无驱动型，手部在臂的带动下向下移动，当手部下降到一定位置时齿条 1 下端碰到撞块，臂部继续下移，齿条便带动齿轮 2 旋转，手指 3 即进入工件钩托部位。手指托持工件时，销 4 在弹簧力作用下插入齿条缺口，保持手指的钩托状态并可使手臂携带工件离开原始位置。在完成钩托任务后，由电磁铁将销向外拨出，手指又呈自由状态，可继续下一个工作循环程序。

② 有驱动装置型。图 1-11（b）所示为一种有驱动装置型钩托式手部。其工作原理是依靠机构内力来平衡工件重力而保持托持状态。驱动液压缸 5 以较小的力驱动杠杆手指 6 和 7

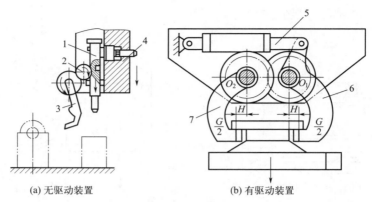

(a) 无驱动装置   (b) 有驱动装置

图 1-11　钩托式手部

1—齿条；2—齿轮；3—手指；4—销；5—液压缸；6,7—杠杆手指

回转，使手指闭合至托持工件的位置。手指与工件的接触点均在其回转支点 O_1、O_2 的外侧，因此在手指托持工件后工件本身的重量不会使手指自行松脱。

图 1-12(a) 所示为从三个方向夹住工件的抓取机构的原理，爪 1、2 由连杆机构带动，在同一平面中做相对的平行移动；爪 3 的运动平面与爪 1、2 的运动平面相垂直；工件由这三爪夹紧。

图 1-12(b) 所示为爪部的传动机构。抓取机构的驱动器 6 安装在抓取机构机架的上部，输出轴 7 通过联轴器 8 与工作轴相连，工作轴上装有离合器 4，通过离合器与蜗杆 9 相连。蜗杆带动齿轮 10、11，齿轮带动连杆机构，使爪 1、2 做启闭动作。输出轴又通过齿轮 5 带动与爪 3 相连的离合器，使爪 3 做启闭动作。当爪与工件接触后，离合器进入"OFF"状态，三爪均停止运动，由于蜗杆蜗轮传动具有反行程自锁的特性，故抓取机构不会自行松开被夹住的工件。

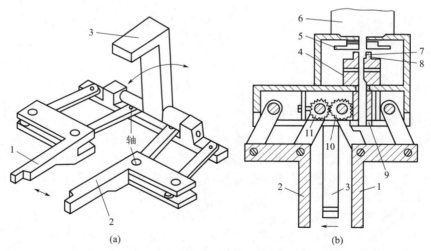

(a)   (b)

图 1-12　从三个方向夹住工件的抓取机构

1～3—爪；4—离合器；5,10,11—齿轮；6—驱动器；7—输出轴；8—联轴器；9—蜗杆

3）弹簧式手部

弹簧式手部靠弹簧力的作用将工件夹紧，手部不需要专用的驱动装置，结构简单。它的使用特点是工件进入手指和从手指中取下工件都是强制进行的。由于弹簧力有限，故只适用

于夹持轻小工件。

图 1-13 所示为一种结构简单的簧片手指弹性手爪。手臂带动夹钳向坯料推进时，弹簧片 3 由于受到压力而自动张开，于是工件进入钳内，受弹簧作用而自动夹紧。当机器人将工件传送到指定位置后，手指不会将工件松开，必须先将工件固定后，手部后退，强迫手指撑开后留下工件。这种手部只适用于定心精度要求不高的场合。

如图 1-14 所示，两个手爪 1、2 用连杆 3、4 连接在滑块上，气缸活塞杆通过弹簧 5 使滑块运动。手爪夹持工件 6 的夹紧力取决于弹簧的张力，因此可根据工作情况，选取不同张力的弹簧；此外，还要注意，当手爪松开时，不要让弹簧脱落。

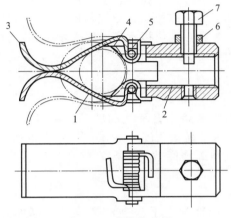

图 1-13　弹簧式手部
1—工件；2—套筒；3—弹簧片；
4—扭簧；5—销钉；6—螺母；7—螺钉

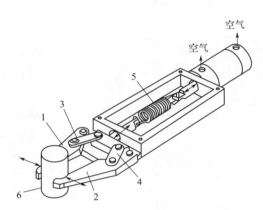

图 1-14　利用弹簧螺旋的弹性抓物机构
1,2—手爪；3,4—连杆；
5—弹簧；6—工件

图 1-15（a）所示的抓取机构中，在手爪 5 的内侧设有槽口，用螺钉将弹性材料装在槽口中以形成具有弹性的抓取机构；弹性材料的一端用螺钉紧固，另一端可自由运动。当手爪夹紧工件 7 时，弹性材料便发生变形并与工件的外轮廓紧密接触；也可以只在一侧手爪上安装弹性材料，工件被抓取时定位精度较好。图 1-15（b）所示是另一种形式的弹性抓取机构。

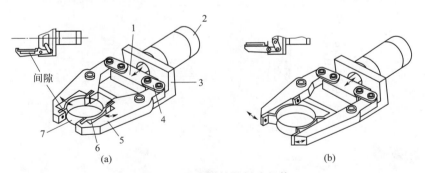

图 1-15　具有弹性的抓取机构
1—驱动板；2—气缸；3—支架；4—连杆；5—手爪；6—弹性爪；7—工件

4）快速装置

使用一台通用机器人，要在作业时能自动更换不同的末端操作器，就需要配置具有快速装卸功能的换接器。换接器由两部分组成，即换接器插座和换接器插头，分别装在机器腕部和末端操作器上，能够实现机器人对末端操作器的快速自动更换。

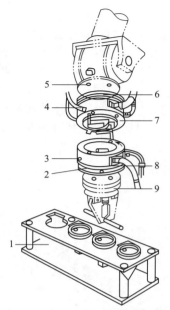

图 1-16　气动换接器与操作器库
1—末端操作器库；2—操作器过渡法兰；
3—位置指示器；4—换接器气路；
5—连接法兰；6—过渡法兰；
7—换接器；8—换接器配合端；
9—末端操作器

具体实施时，各种末端操作器存放在工具架上，组成一个专用末端操作器库，如图 1-16 所示。机器人可根据作业要求，自行在工具架接上相应的专用末端操作器。

对专用末端操作器换接器的要求主要有：同时具备气源、电源及信号的快速连接与切换；能承受末端操作器的工作载荷；在失电、失气情况下，机器人停止工作时不会自行脱离；具有一定的换接精度等。

气动换接器和专用末端操作器如图 1-17 所示。该换接器也分成两部分：一部分装在手腕上，称为换接器；另一部分在末端操作器上，称为配合器。利用气动锁紧器将两部分进行连接，并具有就位指示灯，以表示电路、气路是否接通。其结构如图 1-18 所示。

（2）腕部

1）腕部旋转

腕部旋转是指腕部绕小臂轴线的转动，又叫作臂转。有些机器人限制其腕部转动角度小于 360°。另一些机器人则仅仅受到控制电缆缠绕圈数的限制，腕部可以转几圈。如图 1-19（a）所示。

2）腕部弯曲

腕部弯曲是指腕部的上下摆动，这种运动也称为俯

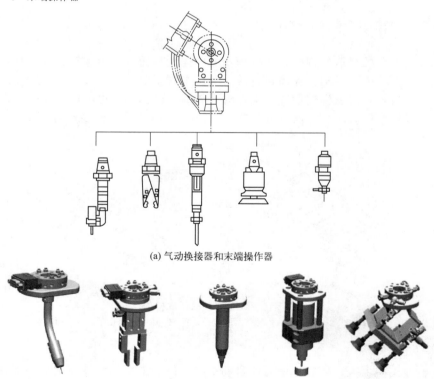

(a) 气动换接器和末端操作器

(b) 专用末端操作器

图 1-17　气动换接器和专用末端操作器

仰，又叫作手转，如图 1-19（b）所示。

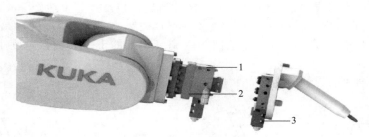

图 1-18　气动换接器结构

1—快换装置公头；2—快换装置母头；3—末端法兰

3）腕部侧摆

腕部侧摆指机器人腕部的水平摆动，又叫作腕摆。腕部的旋转和俯仰两种运动结合起来可以看成侧摆运动，通常机器人的侧摆运动由一个单独的关节提供，如图 1-19（c）所示。

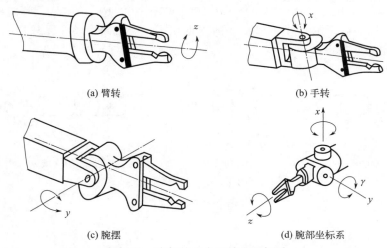

(a) 臂转　　　　　　　　　　　(b) 手转

(c) 腕摆　　　　　　　　　　　(d) 腕部坐标系

图 1-19　腕部的三个运动和坐标系

腕部结构多为上述三个回转方式的组合，组合的方式可以有多种形式。常用的腕部组合的方式有臂转-腕摆-手转结构、臂转-双腕摆-手转结构等，如图 1-20 所示。

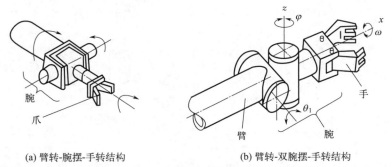

(a) 臂转-腕摆-手转结构　　　　　(b) 臂转-双腕摆-手转结构

图 1-20　腕部的组合方式

4）手腕的分类

手腕按自由度数目来分，可分为单自由度手腕、二自由度手腕和三自由度手腕。

① 单自由度手腕。图 1-21(a) 所示是一种翻转（roll）关节，简称 R 关节，它的手臂纵轴线和手腕关节轴线构成共轴线形式。这种 R 关节旋转角度大，可达到 360°以上。

图 1-21(b)、1-21(c) 所示是一种折曲（bend）关节，简称 B 关节，关节轴线与前、后两个连接件的轴线相垂直。这种 B 关节因为受到结构上的干涉，旋转角度小，大大限制了方向角。

T 手腕是移动式的，如图 1-21(d) 所示。

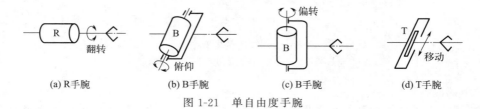

(a) R手腕　　　　　(b) B手腕　　　　　(c) B手腕　　　　　(d) T手腕

图 1-21　单自由度手腕

② 二自由度手腕。二自由度手腕：可以由一个 R 关节和一个 B 关节组成 BR 手腕［见图 1-22(a)］，也可以由两个 B 关节组成 BB 手腕［见图 1-22(b)］；但是，不能由两个 R 关节组成 RR 手腕，因为两个 R 关节共轴线，所以退化了一个自由度，实际只构成了单自由度手腕［见图 1-22(c)］。

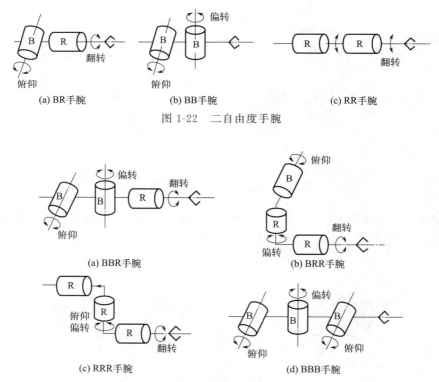

(a) BR手腕　　　　　(b) BB手腕　　　　　(c) RR手腕

图 1-22　二自由度手腕

(a) BBR手腕　　　　　(b) BRR手腕

(c) RRR手腕　　　　　(d) BBB手腕

图 1-23　三自由度手腕

③ 三自由度手腕。三自由度手腕可以由 B 关节和 R 关节组成许多种形式。图 1-23(a) 所示为通常见到的 BBR 手腕，使手部具有俯仰、偏转和翻转运动，即 RPY 运动。图 1-23(b) 所示为一个 B 关节和两个 R 关节组成的 BRR 手腕，为了不使自由度退化，使手部获得 RPY 运动，第一个 R 关节必须如图偏置。图 1-23(c) 所示为三个 R 关节组成的 RRR 手腕，

它也可以实现手部 RPY 运动。图 1-23(d) 所示为 BBB 手腕，很明显，它已经退化为二自由度手腕，只有 PY 运动，实际上它是不被采用的。此外，B 关节和 R 关节排列的次序不同，也会产生不同的效果，也产生了其他形式的三自由度手腕。为了使手腕结构紧凑，通常把两个 B 关节安装在一个十字接头上，这可大大减小 BBR 手腕的纵向尺寸。

(3) 臂部

常见工业机器人如图 1-24 所示，图 1-25 与图 1-26 为其手臂结构图，手臂的各种运动通常由驱动机构和各种传动机构来实现。因此，它不仅仅承受被抓取工件的重量，而且承受末端执行器、手腕和手臂自身的重量。手臂的结构、工作范围、灵活性、抓重大小（即臂力）和定位精度都直接影响机器人的工作性能，所以臂部的结构形式必须根据机器人的运动形式、抓取重量、动作自由度、运动精度等因素来确定。

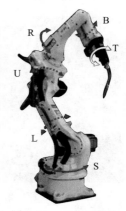

图 1-24　工业机器人

臂部是机器人执行机构中重要的部件，它的作用是支承腕部和手部，并将被抓取的工件运送到给定的位置上。机器人的臂部主要包括臂杆以及与其运动有关的构件，包括传动机构、驱动装置、导向定位装置、支承连接和位置检测元件等。此外，还有与腕部或手臂的运动和连接支承等有关的构件。

一般机器人手臂有 3 个自由度，即手臂的伸缩、左右回转和升降（或俯仰）运动。手臂回转和升降运动是通过机座的立柱实现的，立柱的横向移动即为手臂的横移。手臂的各种运动通常由驱动机构和各种传动机构来实现。

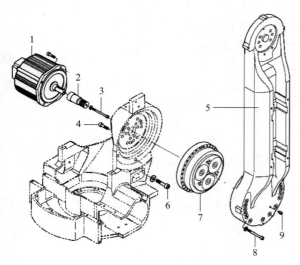

图 1-25　下臂
1—驱动电机；2—减速器输入轴；
3,4,6,8,9—螺钉；5—下臂体；7—RV 减速器

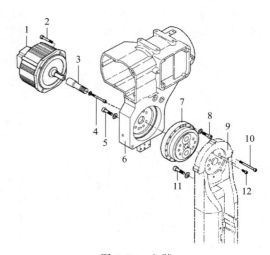

图 1-26　上臂
1—驱动电机；2,4,5,8,10,11,12—螺钉；3—减速器
输入轴；6—上臂；7—RV 减速器；9—上臂体

(4) 腰部

腰部是连接臂部和基座的部件，通常是回转部件。它的回转，再加上臂部的运动，就能使腕部做空间运动。腰部是执行机构的关键部件，它的制作误差、运动精度和平稳性对机器人的定位精度有决定性的影响。

(5) 机座

机座是整个机器人的支持部分,有固定式和移动式两类。移动式机座用来扩大机器人的活动范围,有的是专门的行走装置,有的是轨道(图 1-27)、滚轮机构(图 1-28)。机座必须有足够的刚度和稳定性。

图 1-27　桁架工业机器人

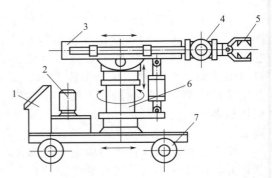

图 1-28　具有行走机构的工业机器人系统
1—控制部件;2—驱动部件;3—臂部;4—腕部;
5—手部;6—机身;7—行走机构

1.1.1.2　驱动系统

工业机器人的驱动系统是向执行系统各部件提供动力的装置,包括驱动器和传动机构两部分,它们通常与执行机构连成一体。驱动器通常有电动、液压、气动装置以及把它们结合起来应用的综合系统。常用的传动机构有谐波传动、螺旋传动、链传动、带传动以及各种齿轮传动等机构。工业机器人驱动系统的组成如图 1-29 所示。

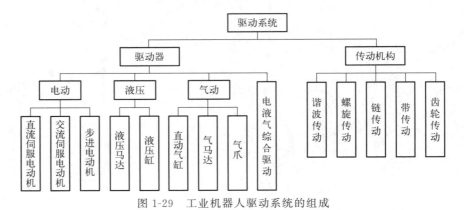

图 1-29　工业机器人驱动系统的组成

1.1.1.3　控制系统

控制系统的任务是根据机器人的作业指令程序以及从传感器反馈回来的信号来支配机器人的执行机构完成固定的运动和功能。若工业机器人不具备信息反馈特征,则为开环控制系统;若具备信息反馈特征,则为闭环控制系统。

工业机器人的控制系统主要由主控计算机和关节伺服控制器组成,如图 1-30 所示。上位主控计算机主要根据作业要求完成编程,并发出指令控制各伺服驱动装置,使各杆件协调工作,同时还要完成环境状况、周边设备之间的信息传递和协调工作。关节伺服控制器用于实现驱动单元的伺服控制、轨迹插补计算，以及系统状态监测。不同的工业机器人控制系统是不同的，图 1-31 为 ABB 工业机器人的控制系统实物图。机器人的测量单元一般安装在执行部件中的位置检测元件（如光电编码器）和速度检测元件（如测速电机），这些检测量反馈到控制器中用于闭环控制，或者用于监测，或者进行示教操作。人机接口除了包括一般的计算机键盘、鼠标外，通常还包括手持控制器（示教盒），通过手持控制器可以对机器人进行控制和示教操作。

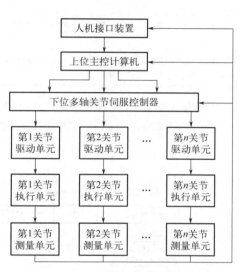

图 1-30　工业机器人控制系统一般构成

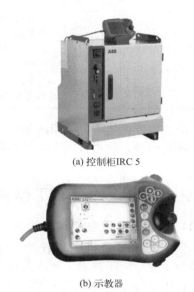

(a) 控制柜 IRC 5

(b) 示教器

图 1-31　ABB IRB 2600 工业机器人控制系统

工业机器人的控制通常具有示教再现和位置控制两种方式。示教再现控制就是操作人员通过示教装置把作业内容编制成程序，输入到记忆装置中，在外部给出启动命令后，机器人从记忆装置中读出信息并送到控制装置，发出控制信号，由驱动机构控制机械手的运动，在一定精度范围内按照记忆装置中的内容完成给定的动作。实质上，工业机器人与一般自动化机械的最大区别就是它具有"示教·再现"功能，因而表现出通用、灵活的"柔性"特点。

工业机器人的位置控制方式有点位控制和连续路径控制两种。其中，点位控制这种方式只关心机器人末端执行器的起点和终点位置，而不关心这两点之间的运动轨迹；这种控制方式可完成无障碍条件下的点焊、上下料、搬运等操作。连续路径控制方式不仅要求机器人以一定的精度达到目标点，而且对移动轨迹也有一定的精度要求，如机器人喷漆、弧焊等操作。实质上，这种控制方式是以点位控制方式为基础，在每两点之间用满足精度要求的位置轨迹插补算法实现轨迹连续化的。

1.1.1.4　传感系统

传感系统是机器人的重要组成部分，按其采集信息的位置，一般可分为内部和外部两类传感器。内部传感器是完成机器人运动控制所必需的传感器，如位置、速度传感器等，用于采集机器人内部信息，是构成机器人不可缺少的基本元件。外部传感器检测机器人所处环境、外部物体状态或机器人与外部物体的关系。常用的外部传感器有力觉传感器、触觉传感器、视觉传感器等。在一些特殊领域应用的机器人还可能需要具有温度、湿度、压力、滑动量、化学性质等方面感觉能力的传感器。机器人传感器的分类如表 1-1 所示。

表 1-1　机器人传感器的分类

内部传感器	用途	机器人的精确控制
	检测的信息	位置、角度、速度、加速度、姿态、方向等
	所用传感器	微动开关、光电开关、差动变压器、编码器、电位计、旋转变压器、测速发电机、加速度计、陀螺、倾角传感器、力（或力矩）传感器等
外部传感器	用途	了解工件、环境或机器人在环境中的状态，对工件进行灵活、有效的操作
	检测的信息	工件和环境：形状、位置、范围、质量、姿态、运动、速度等 机器人与环境：位置、速度、加速度、姿态等 对工件的操作：非接触（间隔、位置、姿态等）、接触（障碍检测、碰撞检测等）、触觉（接触觉、压觉、滑觉）、夹持力等
	所用传感器	视觉传感器、光学测距传感器、超声测距传感器、触觉传感器、电容传感器、电磁感应传感器、限位传感器、压敏导电橡胶、弹性体加应变片等

　　传统的工业机器人仅采用内部传感器，用于对机器人运动、位置及姿态进行精确控制。使用外部传感器，使得机器人对外部环境具有一定程度的适应能力，从而表现出一定程度的智能。

1.1.2　机器人的基本工作原理

（1）机器人应用与外部的关系

　　机器人技术是集机械工程学、计算机科学、控制工程、电子技术、传感器技术、人工智能、仿生学等学科技术于一体的综合技术，它是多学科科技革命的必然结果。每一台机器人，都是一个知识密集和技术密集的高科技机电一体化产品。图 1-32 所示是工业机器人各组成部分之间的关系，机器人与外部的关系如图 1-33 所示。机器人技术涉及的研究领域有如下几个。

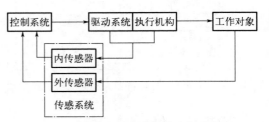

图 1-32　机器人各组成部分之间的关系

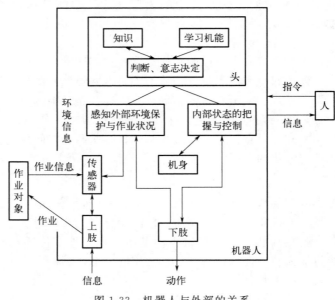

图 1-33　机器人与外部的关系

① 传感器技术：得到与人类感觉机能相似能力的传感器技术。

② 人工智能、计算机科学：得到与人类智能或控制机能相似能力的人工智能或计算机科学。

③ 假肢技术。

④ 工业机器人技术：把人类作业技能具体化的工业机器人技术。

⑤ 移动机械技术：实现动物行走机能的行走技术。

⑥ 生物功能：以实现生物机能为目的的生物学技术。

现在广泛应用的工业机器人都属于第一代机器人，它的基本工作原理是示教与再现，如图 1-34 所示。

示教也称为导引，即由用户引导机器人，一步步将实际任务操作一遍，机器人在引导过程中自动记忆示教的每个动作的位置、姿态、运动参数、工艺参数等，并自动生成一个连续执行全部操作的程序。

完成示教后，只需给机器人一个启动命令，机器人将精确地按示教动作，一步步完成全部操作，这就是示教与再现。

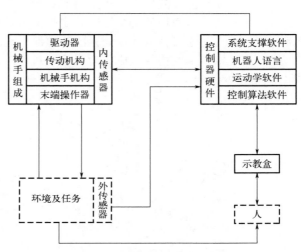

图 1-34　机器人工作原理

（2）机器人手臂的运动

机器人的机械臂是由数个刚性杆体和能够旋转或移动的关节连接而成，是一个开环关节链。开链的一端固接在基座上，另一端是自由的，安装着末端执行器（如焊枪）。在机器人操作时，机器人手臂前端的末端执行器必须与被加工工件处于相适应的位置和姿态，而这些位置和姿态是由若干个臂关节的运动所合成的。

因此，机器人运动控制中，必须要知道机械臂各关节变量空间和末端执行器的位置和姿态之间的关系，这就是机器人运动学模型。一台机器人机械臂的几何结构确定后，其运动学模型即可确定，这是机器人运动控制的基础。

（3）机器人轨迹规划

机器人机械手端部从起点的位置和姿态到终点的位置和姿态的运动轨迹空间曲线叫作路径。

轨迹规划的任务是用一种函数来"内插"或"逼近"给定的路径，并沿时间轴产生一系列"控制设定点"，用于控制机械手运动。目前常用的轨迹规划方法有空间关节插值法和笛卡儿空间规划两种方法。

（4）机器人机械手的控制

当一台机器人机械手的动态运动方程已给定，它的控制目的就是按预定性能要求保持机械手的动态响应。但是由于机器人机械手的惯性力、耦合反应力和重力负载都随运动空间的变化而变化，因此要对它进行高精度、高速度、高动态品质的控制是相当复杂且困难的。

目前工业机器人上采用的控制方法是把机械手上每一个关节都当作一个单独的伺服机构，即把一个非线性的、关节间耦合的变负载系统，简化为线性的非耦合单独系统。

1.2 工业机器人的基本术语与图形符号

1.2.1 工业机器人的基本术语

构件和构件之间既要相互连接（接触）在一起，又要有相对运动。而两构件之间这种可动的连接（接触）形式就称为运动副，即关节（joint），是允许机器人手臂各零件之间发生相对运动的机构，是两构件直接接触并能产生相对运动的活动连接，如图 1-35 所示，A、B 两部件可以做互动连接。运动副元素由两构件上直接参加接触构成运动副的部分组成，包括点、线、面元素。由两构件组成运动副后，两构件间的相对运动受限制，对于相对运动的这种限制称为约束。

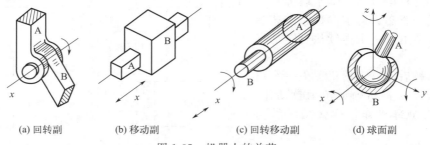

| (a) 回转副 | (b) 移动副 | (c) 回转移动副 | (d) 球面副 |

图 1-35 机器人的关节

1) 按两构件接触情况分类

按两构件接触情况，运动副常分为低副、高副两大类。

① 低副：两构件以面接触而形成的运动副，包括回转副和移动副。

a. 回转副：只允许两构件做相对转动，如图 1-35(a) 所示。

b. 移动副：组成运动副的两构件只能做相对直线移动的运动副，如活塞与气缸体所组成的运动副，即为移动副，如图 1-35（b）所示。此平面机构中的低副，可以看作引入两个约束，仅保留 1 个自由度。

② 高副：两构件以点或线接触而构成的运动副，如图 1-36 所示。

2) 按运动方式分类

关节是各杆件间的结合部分，是实现机器人各种运动的运动副。由于机器人的种类很多，其功能要求不同，关节的配置和传动系统的形式都不同。机器人常用的关节有移动、旋转运动副。一个关节系统包括驱动器、传动器和控制器，属于机器人的基础部件，是整个机器人伺服系统中的一个重要环节，其结构、重量、尺寸对机器人性能有直接影响。

① 回转关节。回转关节，又叫作回转副、旋转关节，是使连接两杆件的组件中的一件相对于另一件绕固定轴线转动，两个构件之间只做相对转动（如手臂与机座、手臂与手腕），并实现相对回转或摆动的关节机构，由驱动器、回转轴和轴承组成。多数电动机能直接产生旋转运动，但常需各种齿轮、链、带传动或

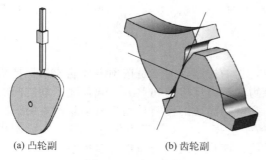

| (a) 凸轮副 | (b) 齿轮副 |

图 1-36 平面高副

其他减速装置，以获取较大的转矩。

②　移动关节。移动关节，又叫作移动副、滑动关节、棱柱关节，是使连接两杆件的组件中的一件相对于另一件做直线运动的关节，两个构件之间只做相对移动。它采用直线驱动方式传递运动，包括直角坐标结构的驱动、圆柱坐标结构的径向驱动和垂直升降驱动，以及极坐标结构的径向伸缩驱动。直线运动可以直接由气缸或液压缸和活塞产生，也可以采用齿轮齿条、丝杠、螺母等传动元件把旋转运动转换成直线运动。

③　圆柱关节。圆柱关节，又叫作回转移动副、分布关节，是使两杆件的组件中的一件相对于另一件移动或绕一个移动轴线转动的关节。两个构件之间除了做相对转动之外，还可以同时做相对移动。

④　球关节。球关节，又叫作球面副，是使两杆件的组件中的一件相对于另一件在 3 个自由度上绕一固定点转动的关节，即组成运动副的两构件能绕一球心做三个独立的相对转动的运动副。

⑤　空间运动副。若两构件之间的相对运动均为空间运动，则对应的运动副称为空间运动副，如图 1-35（d）所示。图 1-37（b）所示工业机器人上所用的球齿轮就是空间运动副。

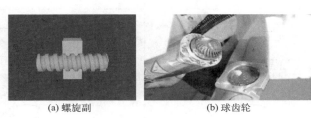

(a) 螺旋副　　　　　　　　　　(b) 球齿轮

图 1-37　空间运动副

1.2.2　工业机器人的图形符号

构件是组成机构的基本运动单元，一个零件可以成为一个构件，但多数构件实际上是由若干零件固定连接而组成的刚性组合。图 1-38 所示齿轮构件，就是由轴、键和齿轮连接组成。

用特定的构件和运动副符号表示机构的一种简化示意图，仅着重表示结构特征；又按一定的长度比例尺确定运动副的位置，用长度比例尺画出的机构简图称为机构运动简图。机构运动简图保持了其实际机构的运动特征，简明地表达了实际机构的运动情况。

实际应用中有时只需要表明机构运动的传递情况和构造特征，而不要求机构的真实运动情况，因此，不必严格地按比例确定机构中各运动副的相对位置，或在进行新机器设计时，常用机构简图进行方案比较。

机构运动简图所表示的主要内容有：机构类型、构件数目、运动副的类型和数目以及运动尺寸等。

（1）机器人的图形符号体系

构件均用直线或小方块等来表示，画有斜线的表示机架。机构运动简图中构件表示方法如图 1-39 所示：图 1-39（a）、（b）表示能组成两个运动副的构件，其中图 1-39（a）表示能

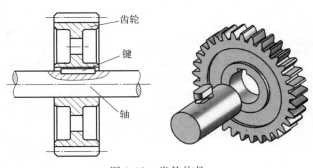

图 1-38　齿轮构件

齿轮

键

轴

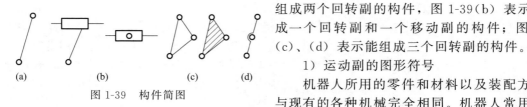

图 1-39　构件简图

组成两个回转副的构件，图 1-39（b）表示能组成一个回转副和一个移动副的构件；图 1-39（c）、（d）表示能组成三个回转副的构件。

1）运动副的图形符号

机器人所用的零件和材料以及装配方法等与现有的各种机械完全相同。机器人常用的关节有移动、旋转运动副，常用的运动副图形符号如表 1-2 所示。

表 1-2　常用的运动副图形符号

运动副名称		运动副符号	
	转动副	两运动构件构成的运动副	两构件之一固定时的运动副
平面运动副	转动副		
	移动副		
	平面高副		
空间运动副	螺旋副		
	球面副及球销副		

2）基本运动的图形符号

机器人的基本运动表示与现有的各种机械表示也完全相同。常用的基本运动图形符号如表 1-3 所示。

表 1-3　常用的基本运动图形符号

序号	名称	符号
1	直线运动方向	单向　　双向
2	旋转运动方向	单向　　双向

序号	名称	符号
3	连杆、轴关节的轴	———
4	刚性连接	
5	固定基础	
6	机械联锁	

3）运动机能的图形符号

机器人的运动机能常用的图形符号如表 1-4 所示。

表 1-4　机器人的运动机能常用的图形符号

编号	名称	图形符号	参考运动方向	备注
1	移动(1)			
2	移动(2)			
3	回转机构			
4	旋转(1)	① ②		①一般常用的图形符号 ②表示①的侧向的图形符号
5	旋转(2)	① ②		①一般常用的图形符号 ②表示①的侧向的图形符号
6	差动齿轮			
7	球关节			
8	握持			
9	保持			包括已成为工具的装置,工业机器人的工具此处未做规定
10	机座			

4）运动机构的图形符号

机器人的运动机构常用的图形符号如表 1-5 所示。

表 1-5　机器人的运动机构常用的图形符号

序号	名称	自由度	符号	参考运动方向	备注
1	直线运动关节(1)	1			

序号	名称	自由度	符号	参考运动方向	备注
2	直线运动关节(2)	1			
3	旋转运动关节(1)	1			
4	旋转运动关节(2)	1			平面
5		1			立体
6	轴套式关节	2			
7	球关节	3			
8	末端操作器		一般型 真空吸引		用途示例

（2）平面机构运动简图的绘制步骤

① 运转机械，搞清楚运动副的性质、数目和构件数目。

② 从原动件开始，沿着运动传递路线，分析各构件间的相对运动性质，确定运动副的种类、数目以及各运动副的位置。

③ 测量各运动副之间的尺寸，选投影面（运动平面），绘制示意图。

④ 按比例绘制运动简图。简图比例尺：

$$\mu_1 = 实际尺寸（单位:m）/图上长度（单位:mm）$$

⑤ 从原动件开始，按机构运动传递顺序，用规定的符号和线条绘制出机构运动简图，标注出原动件、构件的编号。

⑥ 检验机构是否满足运动确定的条件。

绘制机构的运动简图时，机构的瞬时位置不同，所绘制的简图也不同。

机器人的机构简图是描述机器人组成机构的直观图形表达形式，是将机器人的各个运动部件用简便的符号和图形表达出来，此图可用上述图形符号体系中的文字与代号表示。典型工业机器人的机构简图如图 1-40 所示。

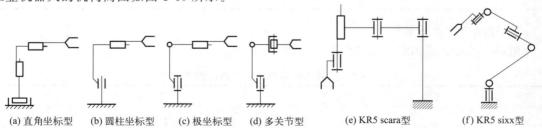

(a) 直角坐标型　(b) 圆柱坐标型　(c) 极坐标型　(d) 多关节型　　(e) KR5 scara型　　(f) KR5 sixx型

图 1-40　典型机器人机构简图

（3）手势图

大型系统中由多名作业人员进行作业，必须在相距较远处进行交谈时，应通过使用手势等方式正确传达意图，常用手势如图 1-41 所示。环境中的噪声等因素会使意思无法正确传达，而导致事故发生。

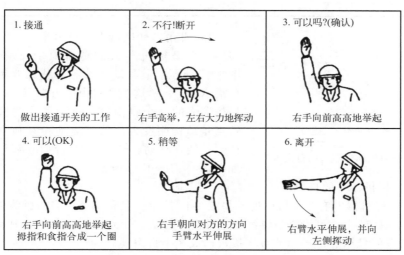

图 1-41　工业用机器人手势法（示例）

1.3　工业机器人技术参数

1.3.1　主要技术参数

技术参数是各工业机器人制造商在产品供货时所提供的技术数据。尽管各厂商所提供的技术参数项目是不完全一样的，工业机器人的结构、用途等有所不同，且用户的要求也不同，但是，工业机器人的主要技术参数一般都应有自由度、重复定位精度、工作范围、最大工作速度、承载能力等。

（1）自由度

把构件相对于参考系具有的独立运动参数的数目称为自由度。构件的自由度是构件可能出现的独立运动。任何一个构件在空间自由运动时皆有 6 个自由度，在平面运动时有 3 个自由度。

自由度通常作为机器人的技术指标，反映机器人动作的灵活性，可用轴的直线移动、摆动或旋转动作的数目来表示。表 1-6 所示为常见机器人自由度的数量，下面详细讲述各类机器人的自由度。

表 1-6　常见机器人自由度的数量

序号	机器人种类	自由度数量	移动关节数量	转动关节数量
1	直角坐标	3	3	0
2	圆柱坐标	5	2	3
3	球（极）坐标	5	1	4

续表

序号	机器人种类		自由度数量	移动关节数量	转动关节数量
4	关节	SCARA	4	1	3
		6 轴	6	0	6
5	并联机器人		需要计算		

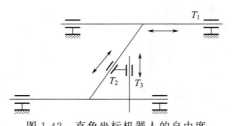

图 1-42　直角坐标机器人的自由度

1）直角坐标机器人的自由度

直角坐标机器人的臂部具有 3 个自由度，如图 1-42 所示。其移动关节各轴线相互垂直，使臂部可沿 X、Y、Z 这 3 个自由度方向移动，构成直角坐标机器人的 3 个自由度。这种形式的机器人的主要特点是结构刚度大，关节运动相互独立，操作灵活性差。线性移动、转动一般分别用字母 T、R 表示，如图 1-42、图 1-43 所示。

2）圆柱坐标机器人的自由度

5 轴圆柱坐标机器人有 5 个自由度，如图 1-43 所示。其臂部可沿自身轴线伸缩移动，可绕机身垂直轴线回转，并可沿机身轴线上下移动，构成 3 个自由度；另外，其臂部、腕部和末端执行器三者间采用 2 个转动关节连接，构成 2 个自由度。

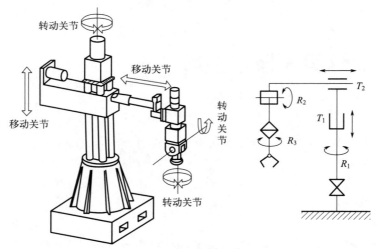

图 1-43　圆柱坐标机器人的自由度

3）球（极）坐标机器人的自由度

球（极）坐标机器人具有 5 个自由度，如图 1-44 所示。其臂部可沿自身轴线伸缩移动，可绕机身垂直轴线回转，并可在垂直平面内上下摆动，构成 3 个自由度；另外，其臂部、腕部和末端执行器三者间采用 2 个转动关节连接，构成 2 个自由度。这类机器人的灵活性好、工作空间大。

4）关节机器人的自由度

关节机器人的自由度与关节机器人的轴数和关节形式有关，现以常见的 SCARA 平面关节机器人和 6 轴关节机器人为例进行说明。

① SCARA 平面关节机器人。SCARA 平面关节机器人有 4 个自由度，如图 1-45 所示。SCARA 平面关节机器人的大臂与机身的关节、大小臂间的关节都为转动关节，具有 2 个自

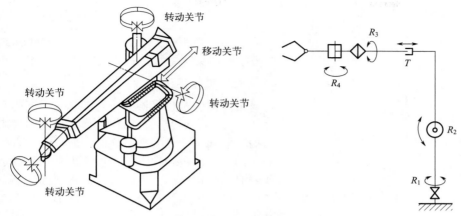

图 1-44　球（极）坐标机器人的自由度

由度；小臂与腕部的关节为移动关节，具有 1 个自由度；腕部和末端执行器的关节为转动关节，具有 1 个自由度，实现末端执行器绕垂直轴线的旋转。这种机器人适用于平面定位，在垂直方向进行装配作业。

② 6 轴关节机器人。6 轴关节机器人有 6 个自由度，如图 1-46 所示。6 轴关节机器人的机身与底座处的腰关节、大臂与机身处的肩关节、大小臂间的肘关节，以及小臂、腕部和手部三者间的三个腕关节，都是转动关节，因此该机器人具有 6 个自由度。这种机器人动作灵活、结构紧凑。

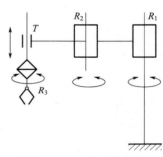

图 1-45　SCARA 平面关节机器人的自由度

5）并联机器人的自由度

并联机器人是由并联方式驱动的闭环机构组成的机器人。由 Gough-Stewart 并联机构构成的机器人是典型的并联机器人，如图 1-47 所示。与串联式开链结构不同，并联机器人的自由度需要经过计算得出。计算自由度的方式多样，但大多都有适用条件限制或者若干"注意事项"（如需要甄别公共约束、虚约束、环数、链数、局部自由度等）。其中，用 Kutzbach-Grubler 公式计算自由度的方式如下：

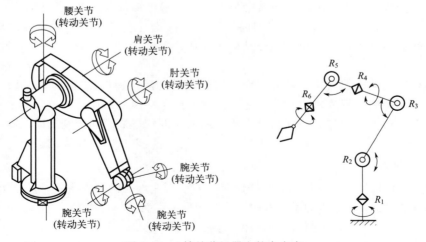

图 1-46　6 轴关节机器人的自由度

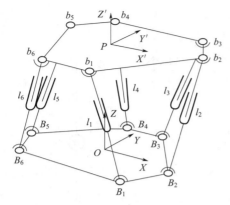

图 1-47　Gough-Stewart 并联机器人

$$F = 6(l - n + 1) + \sum_{i=1}^{n} f_i$$

式中，F 为机器人的自由度；l 为机构连杆数；n 为结构的关节总数；f_i 为第 i 个关节的自由度。

（2）工作范围

工作范围是指机器人手臂末端或手腕中心所能到达的所有点的集合，也叫作工作区域。因为末端操作器的形状和尺寸是多种多样的，所以为了真实反映机器人的特征参数，这里的工作范围是指不安装末端操作器时的工作区域。工作范围的形状和大小是十分重要的，机器人在执行某作业时可能会因为存在手部不能到达的作业死区（dead zone）而不能完成任务。

图 1-48 和图 1-49 所示分别为 PUMA 机器人和 A4020 机器人的工作范围。

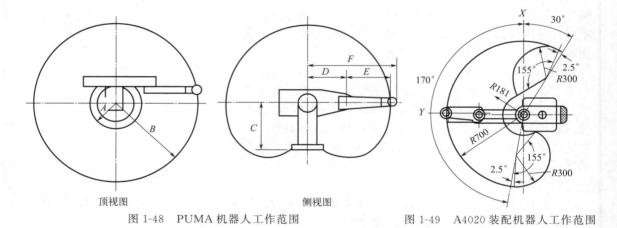

顶视图　　　　　　　　　　　　侧视图

图 1-48　PUMA 机器人工作范围　　　图 1-49　A4020 装配机器人工作范围

（3）最大工作速度

机器人在保持运动平稳性和位置精度的前提下所能达到的最大速度称为额定速度。其某一关节运动的速度称为单轴速度，由各轴速度分量合成的速度称为合成速度。

机器人在额定速度和规定性能范围内，末端执行器所能承受负载的允许值称为额定负载。在限制作业条件下，为了保证机械结构不损坏，末端执行器所能承受负载的最大值称为极限负载。

对于结构固定的机器人，其最大行程为定值，因此额定速度越高，运动循环时间越短，工作效率也越高。而机器人每个关节的运动过程一般包括启动加速、匀速运动和减速制动三个阶段。如果机器人负载过大，则会产生较大的加速度，造成启动、制动阶段时间增长，从而影响机器人的工作效率。对此，就要根据实际工作周期来平衡机器人的额定速度。

（4）承载能力

承载能力是指机器人在工作范围内的任何位姿上所能承受的最大重量，通常可以用质量、力矩或惯性矩来表示。承载能力不仅取决于负载的质量，而且与机器人运行的速度和加速度的大小和方向有关。一般低速运行时，承载能力强。为安全考虑，将承载能力这个指标确定为高速运行时的承载能力。通常，承载能力不仅指负载质量，还包括机器人末端操作器的质量。

（5）分辨率

机器人的分辨率由系统设计检测参数决定，并受到位置反馈检测单元性能的影响。分辨率可分为编程分辨率与控制分辨率。编程分辨率是指程序中可以设定的最小距离单位，又称为基准分辨率。控制分辨率是位置反馈回路能检测到的最小位移量。当编程分辨率与控制分辨率相等时，系统性能达到最高。

（6）精度

机器人的精度主要体现在定位精度和重复定位精度两个方面。

① 定位精度　是指机器人末端操作器的实际位置与目标位置之间的偏差，由机械误差、控制算法误差与系统分辨率等部分组成。

② 重复定位精度　在相同环境、相同目标动作、相同命令的条件下，机器人连续重复运动若干次时，其位置会在一个平均值附近变化，变化的幅度代表重复定位精度，是关于精度的一个统计数据。因重复定位精度不受工作载荷变化的影响，所以通常用重复定位精度这个指标作为衡量示教再现型工业机器人水平的重要指标。

图 1-50 所示，为重复定位精度的几种典型情况：图 1-50（a）为重复定位精度的测定；图 1-50（b）为合理的定位精度，良好的重复定位精度；图 1-50（c）为良好的定位精度，很差的重复定位精度；图 1-50（d）为很差的定位精度，良好的重复定位精度。图 1-50 中，R 为重复定位的正态分布高点。

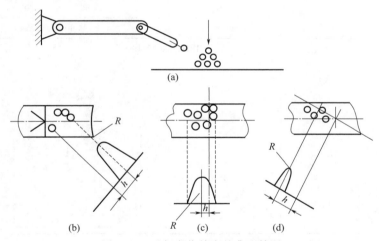

图 1-50　重复定位精度的典型情况

（7）其他参数

此外，对于一个完整的机器人还有下列参数用以描述其技术规格。

① 控制方式　控制方式是指机器人用于控制轴的方式，如是伺服还是非伺服，伺服控制方式是实现连续轨迹还是点到点的运动。

② 驱动方式　驱动方式是指关节执行器的动力源形式。通常有气动、液压、电动等形式。

③ 安装方式　安装方式是指机器人本体安装的工作场合的形式，通常有地面安装、架装、吊装等形式。

④ 动力源容量　动力源容量是指机器人动力源的规格和消耗功率的大小，比如：气压的大小，耗气量；液压高低；电压形式与大小，消耗功率等。

⑤ 本体质量　本体质量是指机器人在不加任何负载时本体的重量，用于估算运输、安装等。

⑥ 环境参数　环境参数是指在机器人运输、存储和工作时需要提供的环境条件，比如：温度、湿度、振动、防护等级和防爆等级等。

1.3.2　典型机器人的技术参数

以 IRB 2600 工业机器人为例，工业机器人的技术参数见表 1-7～表 1-9。

表 1-7　机器人技术参数

序号	项目		规格
1	控制轴数		6
2	负载		12kg
3	最大到达距离		1850mm
4	重复定位精度		±0.04mm
5	质量		284kg
6	防护等级		IP67
7	最大动作速度 （运动范围）	1 轴	175(°)/s(±180°)
		2 轴	175(°)/s(−95°～155°)
		3 轴	175(°)/s(−180°～75°)
		4 轴	360(°)/s(±400°)
		5 轴	360(°)/s(−120°～120°)
		6 轴	360(°)/s(±400°)
8	可达范围		 IRB 2600-12/1.85

表 1-8　控制柜 IRC 5 技术参数

序号	项目	规格描述
1	控制硬件	多处理器系统 PCI 总线 Pentium® CPU 大容量存储用闪存或硬盘 备用电源，以防电源故障 USB 存储接口
2	控制软件	对象主导型设计 高级 RAPID 机器人编程语言 可移植、开放式、可扩展 PC-DOS 文件格式 ROBOTWare 软件产品 预装软件，另提供光盘

序号	项目	规格描述
3	安全性	安全紧急停机 带监测功能的双通道安全回路 3 位启动装置 电子限位开关:5 路安全输出(监测第 1～7 轴)
4	辐射	EMC/EMI 屏蔽
5	功率	4kVA
6	输入电压	AC 200V～600V 50～60Hz
7	防护等级	IP54

表 1-9　示教器技术参数

序号	项目	规格
1	材质	强化塑料外壳(含护手带)
2	质量	1kg
3	操作键	快捷键＋操作杆
4	显示屏	彩色图形界面　6.7 英寸❶触摸屏
5	操作习惯	支持左右手互换
6	外部存储	USB
7	语言	中英文切换

1.4　工作站集成所用工具与规范

1.4.1　工作站集成工具

（1）工作站集成常用工具（表 1-10）

表 1-10　工作站集成常用工具

名称	外观图	说明
螺钉旋具	一字槽螺钉旋具　十字槽螺钉旋具 多用螺钉旋具　内六角螺钉旋具	使用旋具要适当,对十字形槽螺钉尽量不用一字形旋具,否则拧不紧甚至会损坏螺钉槽。一字形槽的螺钉要用刀口宽度略小于槽长的一字形旋具。若刀口宽度太小,不仅拧不紧螺钉,而且易损坏螺钉槽。当受力较大或螺钉生锈难以拆卸的时候,可选用方形旋杆螺钉旋具,以便能用扳手夹住旋杆扳动,增大力矩

---

❶　英寸(in):1in=2.54cm。

名称	外观图	说明
扳手	内六角扳手　　　手套筒扳手	在使用扳手时,应优先选用标准扳手,因为标准扳手的长度是根据其对应的螺钉所需的拧紧力矩而设计的,力矩比较适合,不然将会损坏螺纹。如拧小螺钉(螺母)使用大扳手,对不允许用管子加长扳手来拧紧的螺钉使用管子加长扳手来拧紧等。 通常5号以上的内六角扳手允许使用长度合理的管子来接长扳手(管子一般企业自制)。拧紧时应防止扳手脱手,以防手或头等身体部位碰到设备而造成人身伤害
单手钩形扳手		单头钩形扳手:有固定式和调节式之分,可用于扳动在圆周方向上开有直槽或孔的圆螺母
断面带槽或孔的圆螺母扳手		端面带槽或孔的圆螺母扳手:可分为套筒式扳手和双销叉形扳手
弹性挡圈装拆用钳子		弹性挡圈装卸用钳子:分为轴用弹性挡圈装卸用钳子和孔用弹性挡圈装卸用钳子
常用手钳	尖嘴钳　　　大力钳 钢丝钳	尖嘴钳用于在狭小工作空间夹持小零件和切断或扭曲细金属丝,为仪表、电信器材、家用电器等的装配、维修工作中常用的工具。 大力钳用于夹紧零件进行铆接、焊接、磨削等加工,也可作扳手使用
剥线钳		剥线钳是把单股线和多股线剥开线头的工具,由刀口、压线口和钳柄组成。剥线钳适用于塑料、橡胶绝缘电线和电缆芯线的剥皮
压线钳		压线钳是把剥开的线头和线鼻子(即接线柱)压合在一起,用于导电和接线
弹性锤子		弹性锤子:可分为木锤和铜锤

名称	外观图	说明
平键工具		拉带锥度平键工具：可分为冲击式拉锥度平键工具和抵拉式拉锥度平键工具
拔销器		拉带内螺纹的小轴、圆锥销工具
拉卸工具		拆装在轴上的滚动轴承、带轮式联轴器等零件时，常用拉卸工具。拉卸工具常分为螺杆式与液压式两类，螺杆式拉卸工具分两爪、三爪和铰链式
检验棒		有带标准锥柄检验棒、圆柱检验棒和专用检验棒
限力扳手	电子式　　　　　机械式	又称为扭矩扳手、扭力扳手
装轴承胎具		适用于装轴承的内、外圈
钩头楔键拆卸工具		用于拆卸钩头楔键
校准摆锤	B C D A E	A：用作校准传感器的校准摆锤 B：转动盘适配器 C：传感器锁紧螺钉 D、E：传感器电缆

名称	外观图	说明
SEMD 校准管		SEMD 校准管与校准摆锤一样,都用于在工业机器人拆装机械部件后对工业机器人的校准
手动压力机		手动压力机主要用于齿轮和轴套等紧配件的拆卸以及变形零件的校正。手动压力机装置集中,体积较小,无需动力,手动操纵即可完成金属产品及配件等成品及半成品的压制和衔接任务
吹气枪		吹气枪主要用于工厂以及安装、维修时的除尘工作,最适合使用在一些手接触不到的地方,如狭窄缝隙、高处、气管内、机器零部件内部等
黄油枪		黄油枪是一种给机械设备加注润滑脂的手动工具,主要有气动黄油枪、手动黄油枪、脚踏黄油枪、电动黄油枪等不同种类
吊装工具和配件	吊环螺钉　　钢丝绳 手拉葫芦　钢丝绳电动葫芦	吊装是指吊车或者起升机构对设备的安装、就位。工业机器人安装常用的吊装工具和配件有吊环螺钉、钢丝绳、手拉葫芦、钢丝绳电动葫芦等

（2）工作站集成常用仪表（表 1-11）

表 1-11　工作站集成常用仪表

名称	外观图	说明
百分表		百分表用于测量零件相互之间的平行度、轴线与导轨的平行度、导轨的直线度、工作台台面平面度以及主轴的端面圆跳动、径向圆跳动和轴向窜动
杠杆百分表		杠杆百分表用于受空间限制的工件，如内孔、键槽等。使用时应注意使测量运动方向与测头中心垂直，以免产生测量误差
千分表及杠杆千分表		千分表及杠杆千分表的工作原理与百分表和杠杆百分表一样，只是分度值不同，常用于精密的修理
水平仪		水平仪是工业机器人制造和修理中最常用的测量仪器之一，用来测量导轨在垂直面内的直线度、工作台台面的平面度，以及两构件相互之间的垂直度、平行度等。水平仪按其工作原理可分为水准式水平仪和电子水平仪
转速表		转速表常用于测量伺服电动机的转速，是检查伺服调速系统的重要依据之一，常用的转速表有离心式转速表和数字式转速表等
万用表		有机械式和数字式两种，万用表可用来测量电压、电流和电阻等

名称	外观图	说明
相序表		用于检查三相输入电源的相序,在维修晶闸管伺服系统时是必需的
逻辑脉冲测试笔		对芯片或功能电路板的输入端注入逻辑电平脉冲,用逻辑脉冲测试笔检测输出电平,以判别其功能是否正常

1.4.2　工业机器人安装耗材

工业机器人安装时所消耗的材料有工业擦拭纸、螺纹紧固剂、密封胶、润滑脂等。

（1）工业擦拭纸

工业擦拭纸用于机械设备、产品、工具上的油污、水等液体的擦拭或灰尘的清洁,见图1-51。工业擦拭纸具有极少掉屑且擦拭后不留毛尘、湿强性良好、不易破损、快速吸水性与吸油能力佳、经济性高等特点。

（2）螺纹紧固剂

螺纹紧固剂用于避免螺纹紧固件由于振动而造成的松动和渗漏。螺纹连接一旦出现松脱,轻者会影响机器的正常运转,重者会造成严重事故,因此所有螺钉安装前都应涂上适量的螺纹紧固剂,见图1-52。

图1-51　工业擦拭纸

图1-52　螺纹紧固剂

使用螺纹紧固剂时应参照产品参数说明书,根据使用场合和部件选择合适的螺纹紧固剂规格。应注意每螺纹啮合部位涂胶应在3～5扣以上,且胶液应充分填满螺纹间隙。应严格按照产品说明书的要求进行保存,防止失效。

（3）密封胶

密封胶是指随密封面形状而变形,不易流淌,有一定黏结性的密封材料,见图1-53。密封胶是用来填充构形间隙,以起到密封作用的胶黏剂,具有防泄漏、防水、防振动及隔声、隔热等作用。

使用密封胶时应参照产品参数说明书,根据使用场合和部件选择合适的密封胶规格。严格按照产品说明书的要求进行保存,防止失效。

（4）润滑脂

润滑脂又称黄油，为稠厚的油脂状半固体，见图 1-54。它用于机械的摩擦部分，起润滑和密封作用；也用于金属表面，起填充空隙和防锈作用。通常使用黄油枪进行加注。

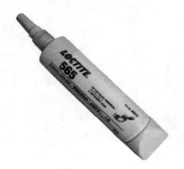

图 1-53　密封胶

图 1-54　润滑脂

使用润滑脂时应参照产品参数说明书，根据使用场合和部件选择合适的润滑脂规格。严格按照产品说明书的要求进行保存，防止失效。

1.4.3　工作站集成工艺规范

（1）工作站集成工作台工艺规范（表 1-12）

表 1-12　工作站集成工作台工艺规范

序号	描述	合格	不合格
1	型材板上的电缆和气管必须分开绑扎		
2	当电缆、光纤和气管都作用于同一个活动模块时，允许绑扎在一起		—
3	扎带切割后剩余长度须≤1mm，以免伤人		

序号	描述	合格	不合格
4	所有沿着型材往下走的线缆和气管（例如 PP 站点处的线管）在安装时需要使用线夹固定		
5	扎带的间距≤50mm。这一间距要求同样适用于型材台面下方的线缆。PLC 和系统之间的 I/O 布线不在检查范围内		
6	线缆托架的间距≤120mm		
7	唯一可以接受的束缚固定线缆、电线、光纤线缆、气管的方式就是使用传导性线缆托架	单根电线用绑扎带固定在线夹子上 	单根电缆/电线/气管没有紧固在线夹子上

序号	描述	合格	不合格
8	第一根扎带离阀岛气管接头连接处的最短距离为 60mm±5mm		
9	所有活动件和工件在运动时不得发生碰撞	所有驱动器、线缆、气管和工件须能够自由运动。注意:如有例外,将在任务开始前进行通知	运行期间,驱动器、线缆、线管或工件间发生接触
10	工具不得遗留到站上或工作区域地面上		
11	工作站上不得留有未使用的零部件和工件		
12	所有系统组件和模块必须固定好。所有信号终端也必须固定好		

序号	描述	合格	不合格
13	站与站之间的错位须≤5mm		
14	工作站的连接必须至少使用2个连接件		—
15	所有型材末端必须安装盖子		
16	固定零部件时都应使用带垫圈的螺栓		

续表

序号	描述	合格	不合格
17	所有电缆、气管和电线都必须使用线缆托架进行固定。可以进行短连接。如果可以将线缆切割到合适的长度,则不允许留线圈	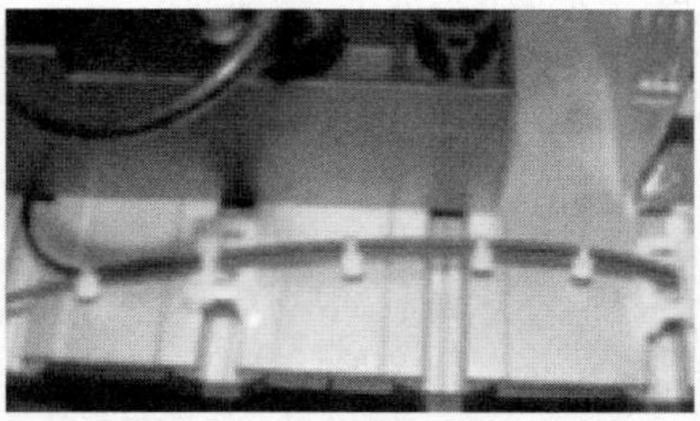	
18	螺钉头不得有损坏,而且螺钉任何部分都不得留有工具损坏的痕迹		
19	锯切口必须平滑无毛刺	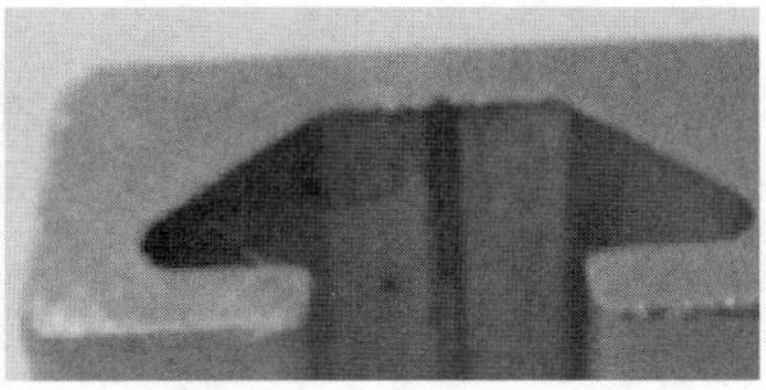	
20	用于展示时,型材台面应尽可能处于最低位置	—	—
21	装置的零部件和组件不得超出型材台面	—	—

(2) 周边环境 (表 1-13)

表 1-13　周边环境

序号	描述	合格	不合格
1	工作站上(包括线槽里面)不得有垃圾、下脚料或其他碎屑,不得使用压缩空气来清理工作站	—	

序号	描述	合格	不合格
2	未使用的部件需放到桌上的箱子中;例外情况:未完成装配工作时		
3	只能在执行维护任务时进行标记,并且评分之前必须全部清除	—	
4	不允许使用胶带或类似材料改造工件。如有例外,专家组将另行通知	—	
5	工作站、周围区域以及工作站下方应干净整洁(用扫帚打扫干净),只会在第一天时进行提醒。例外情况:没有完成装配时	—	

第2章

ABB工业机器人的应用

2.1 ABB 工业机器人的基本操作

2.1.1 示教器的基本操作

(1) 认识示教器

示教器是重要的工业机器人控制及人机交互部件，是进行机器人的手动操纵、程序编写、参数配置以及监控等操作的手持装置，也是操作者最常打交道的机器人控制装置。

一般来说，操作者左手握持示教器，右手进行相应的操作，如图 2-1 所示。

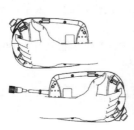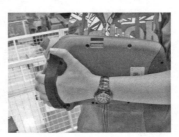

图 2-1　手持示教器

(2) 示教器的基本结构

1) 示教器的外观及布局

示教器的外观及布局如图 2-2 所示。

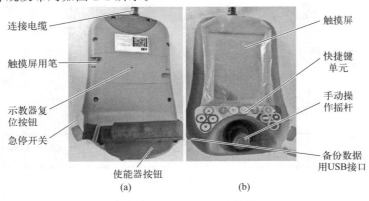

图 2-2　ABB IRC5 示教器

示教器正面有专用的硬件按钮（图 2-2），用户可以在上面的四个预设键上配置所需功能。示教器硬件按钮说明如表 2-1 所示。

表 2-1   示教器硬件按钮

硬件按钮示意图	标号	说明
	A～D	预设按键
	E	选择机械单元
	F	切换运动模式,重定位或线性模式
	G	切换运动模式,轴 1～3 或轴 4～6
	H	切换增量
	J	步退按钮。按下时可使程序后退至上一条指令
	K	启动按钮。开始执行程序
	L	步进按钮。按下时可使程序前进至上一条指令
	M	停止按钮。按下时停止程序执行

2）正确使用使能键按钮

使能键按钮位于示教器手动操作摇杆的右侧，操作者应用左手的手指进行操作。

在示教器按键中要特别注意使能键的使用。使能键是机器人为保证操作人员人身安全而设置的。只有在按下使能键并保持在"电动机开启"的状态下，才可以对机器人进行手动的操作和程序的编辑调试。当发生危险时，人会本能地将使能键松开或按紧，机器人则会马上停下来，保证安全。另外在自动模式下，使能键是不起作用的；在手动模式下，该键有三个位置：

① 不按——释放状态：机器人电动机不上电，机器人不能动作，如图 2-3 所示。

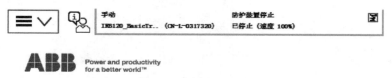

图 2-3   电动机不上电

② 轻轻按下：机器人电动机上电，机器人可以按指令或摇杆操纵方向移动，如图 2-4 所示。

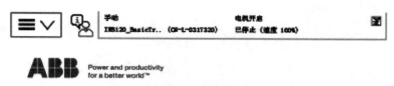

图 2-4   电动机上电

③ 用力按下：机器人电动机失电，停止运动，如图 2-5 所示。

图 2-5   电动机失电

（3）示教器的界面窗口

① 主界面　示教器的主界面如图 2-6 所示。版本不同，示教器的开机界面会有所不同。各部分说明如表 2-2 所示。

图 2-6　示教器主界面

表 2-2　示教器主界面说明

标号	说明
A	ABB 菜单
B	操作员窗口：显示来自机器人程序的信息。程序需要操作员做出某种响应以便继续时，往往会出现此情况
C	状态栏：状态栏显示与系统状态有关的重要信息，如操作模式、电机开启/关闭、程序状态等
D	关闭按钮：点击关闭按钮将关闭当前打开的视图或应用程序
E	任务栏：透过 ABB 菜单，可以打开多个视图，但一次只能操作一个，任务栏显示所有打开的视图，并可用于视图切换
F	快捷键菜单：包含对微动控制和程序执行进行的设置等

② 界面窗口　菜单中每项功能被选择后，都会在任务栏中显示一个按钮。可以按此按钮切换当前的任务（窗口）。图 2-7 是一个同时打开四个窗口的界面，在示教器中最多可以

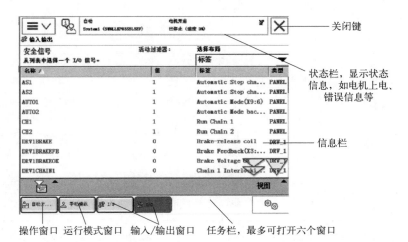

图 2-7　ABB 示教器系统窗口

同时打开 6 个窗口，且可以通过单击窗口下方任务栏按钮实现在不同窗口之间的切换。

（4）示教器的主菜单

示教器系统应用进程从主菜单开始，每项应用将在该菜单中选择。按系统菜单键可以显示系统主菜单，如图 2-8 所示，各菜单功能见表 2-3。

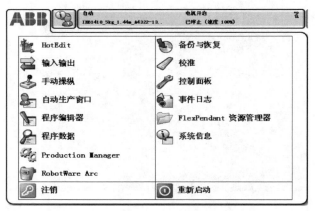

图 2-8　ABB 示教器系统主菜单

表 2-3　ABB 机器人示教器主菜单功能

序号	图标	名称	功能
1		输入输出	查看输入输出信号
2		手动操纵	手动移动机器人时，通过该选项选择需要控制的单元，如机器人或变位机等
3		自动生产窗口	由手动模式切换到自动模式时，窗口自动跳出。自动运行中可观察程序运行状况
4		程序数据	设置数据类型，即设置应用程序中不同指令所需要的不同类型的数据
5		程序编辑器	用于建立程序、修改指令及程序的复制、粘贴、删除等
6		备份与恢复	备份程序、系统参数等
7		校准	输入、偏移量、零位等校准
8		控制面板	参数设定、I/O 单元设定、弧焊设备设定、自定义键设定及语言选择等。例如，示教器中英文界面选择方法：ABB→控制面板→语言→Control Panel→Language→Chinese
9		事件日志	记录系统发生的事件，如电机通电/失电、出现操作错误等各种过程
10		Flex Pendant 资源管理器	新建、查看、删除文件夹或文件等
11		系统信息	查看整个控制器的型号、系统版本和内存等

（5）示教器的快捷菜单

快捷菜单提供较操作窗口更加快捷的操作按键，可用于选择机器人的运动模式、坐标系等，是"手动操纵"的快捷操作界面。每项菜单使用一个图标显示当前的运行模式或设定值。快捷菜单如图 2-9 所示，各选项含义见表 2-4。

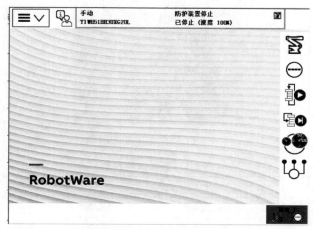

图 2-9　ABB 机器人系统快捷菜单

表 2-4　ABB 机器人系统快捷菜单功能

序号	图标	名称	说明
1	ROB_1 1/3 ⟨⋯⟩	快捷键	快速显示常用选项
2		机械单元	工件与工具坐标系的改变
3		增量	手动操纵机器人的运动速度调节
4		运行模式	有连续和单次运行两种
5		步进运行	不常用
6		速度模式	运行程序时使用，调节运行速度的百分率
7		停止和启动	停止和启动机械单元

注意：ABB 示教器版本不同，快捷键各部分图标也会不同，但是并不影响各快捷键的定义和使用。

2.1.2　ABB 机器人系统的基本操作

（1）机器人系统的启动及关闭

机器人电器柜面板及功能如图 2-10 所示，各部分功能如表 2-5 所示。

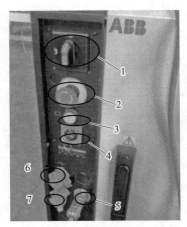

图 2-10　机器人电器柜面板

表 2-5　面板部件说明

标号	说明
1	机器人电源开关：用来闭合或切断控制柜总电源。图示状态为开启，逆时针旋转为关闭
2	急停按钮：用于紧急情况下的强行停止，当需恢复时只需顺时针旋转释放即可
3	上电按钮及上电指示灯：手动操作时，指示灯常亮表示电机上电；当指示灯频闪时，表示电机断电。当机器人切换到自动状态时，在示教器上点击确定后还需按下这个按钮，机器人才会进入自动运行状态
4	机器人运动状态切换旋钮：分为自动、手动、手动 100％ 三挡模式，左边为自动运行模式，中间为手动限速模式，右侧为手动全速模式
5	示教器接口：连接示教器
6	USB 接口：可以连接外部移动设备，如 U 盘等，可用于系统的备份/恢复、文件或程序的拷贝/读取等
7	RJ45 以太网接口：连接以太网

（2）机器人的开关机操作

1）开机

在确保设备正常及机器人工作范围内无人后，打开总控制柜电源开关后再打开机器人控制柜上的电源主开关（如图 2-11 所示），系统自动检查硬件。检查完成后若没有发现故障，系统将在示教器显示如图 2-12 所示的界面信息。

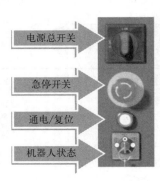

图 2-11　机器人控制柜开关

图 2-12　ABB 机器人启动界面

2）关机

在关闭机器人系统之前，首先要检查是否有人处于工作区域内，以及设备是否运行，以免发生意外。如果有程序正在运行，则必须先用示教器上的停止按钮使程序停止运行。当机器人回复到原点后关闭机器人控制柜上主电源开关，机器人系统关闭。

这里需要特别注意的是，为了保护设备，不得频繁开关电源，设备关机后再次开启电源的间隔时间不得小于 2min。

（3）机器人系统的重启

1）重启条件

ABB 机器人系统是可以长时间无人操作，无须定期重新启动运行的系统。在以下情况下需要重新启动机器人系统：

① 安装了新的硬件；

② 更改了机器人系统配置参数；

③ 出现系统故障（SYSFIL）；

④ RAPID 程序出现程序故障；

⑤ 更换 SMB 电池。

2）重启种类

ABB 机器人系统的重启动主要有以下几种类型：

① 热启动：使用当前的设置重新启动当前系统；

② 关机：关闭主机；

③ B-启动：重启并尝试回到上一次的无错状态，一般情况下当系统出现故障时常使用这种方式；

④ P-启动：重启并将用户加载的 RAPID 程序全部删除；

⑤ I-启动：重启并将机器人系统恢复到出厂状态。

操作步骤为：主菜单→重新启动→选择所需要的启动方式。

2.1.3　设置系统语言

ABB IRC5 示教器出厂时，默认的显示语言是英语。系统支持多种显示语言，为了方便操作，下面以设置中文界面为例介绍设定系统语言的操作，具体操作步骤如表 2-6 所示。

表 2-6　设定示教器系统语言步骤

操作说明	操作界面
1. 将控制柜上的机器人状态钥匙切换到中间的手动限速状态，在状态栏中确认机器人状态已切换为"手动限速"模式	手动限速模式

续表

操作说明	操作界面
2. 单击"ABB"主菜单按钮	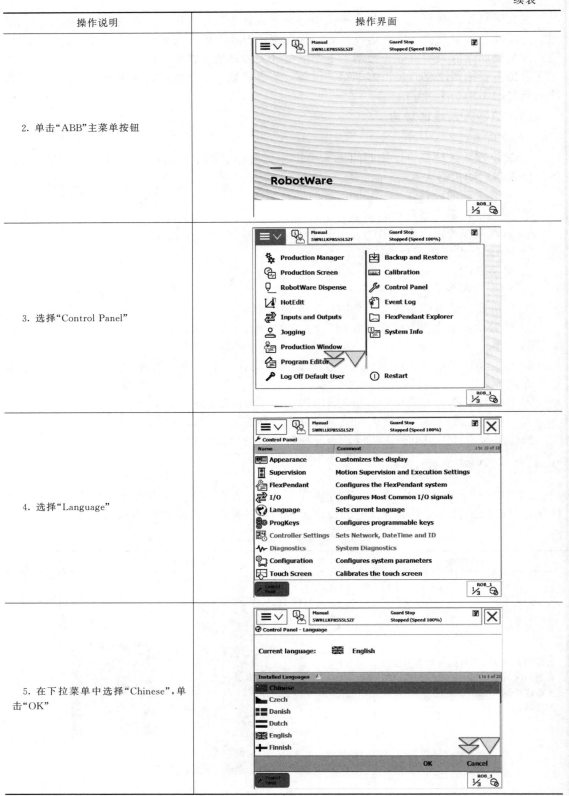
3. 选择"Control Panel"	
4. 选择"Language"	
5. 在下拉菜单中选择"Chinese",单击"OK"	

操作说明	操作界面
6. 单击"Yes",重启示教器	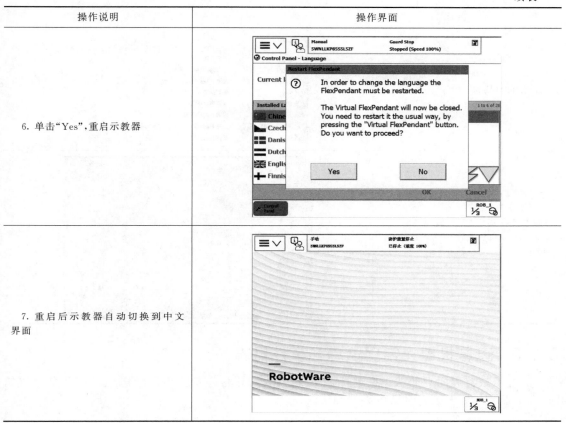
7. 重启后示教器自动切换到中文界面	

2.1.4 设置系统日期与时间

设定机器人系统的时间,是为了方便进行文件和故障的查阅与管理。在进行各种操作之前要将机器人系统的时间设定为本地区的时间。具体操作步骤见表 2-7。

表 2-7 机器人系统的时间设定步骤

操作说明	操作界面
1. 单击"ABB"按钮,在主菜单下选择"控制面板"	![控制面板主菜单界面] Production Manager / 备份与恢复 生产屏幕 / 校准 RobotWare Dispense / 控制面板 HotEdit / 事件日志 输入输出 / FlexPendant 资源管理器 手动操纵 / 系统信息 自动生产窗口 程序编辑器 注销 Default User / 重新启动

操作说明	操作界面
2. 选择"日期和时间"	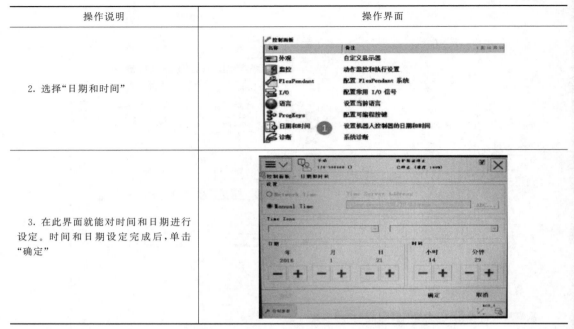
3. 在此界面就能对时间和日期进行设定。时间和日期设定完成后，单击"确定"	

2.1.5　查看机器人常用信息与事件日志

通过示教器界面上的状态栏进行 ABB 机器人常用信息的查看，状态栏常用信息介绍如图 2-13 所示，其界面说明见表 2-8。

图 2-13　状态栏常用信息

表 2-8　界面说明

标号	说明
A	机器人的状态，包括手动、全速手动和自动三种
B	机器人的系统信息
C	机器人电动机状态，图中表示电机开启

标号	说明
D	机器人程序运行状态
E	当前机器人或外部轴的使用状态

单击窗口中上部的状态栏，就可以查看机器人的时间日志。图 2-14 为时间日志查看界面。

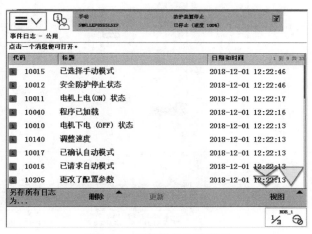

图 2-14 时间日志查看界面

2.1.6 系统的备份与恢复

定期对机器人系统进行备份，是保证机器人正常工作的良好习惯。备份文件可以放在机器人内部的存储器上，也可以备份到移动设备（如 U 盘、移动硬盘等）上。建议使用 U 盘进行备份，且必须专盘专用以防止病毒感染。备份文件包含运行程序和系统配置参数等内容。当机器人系统出错时，可以通过备份文件快速地恢复至备份前的状态。为了防止程序丢失，在程序更改前建议做好备份。

（1）系统的备份

系统备份的具体操作步骤如表 2-9 所示。

表 2-9 系统备份的操作步骤

操作说明	操作界面
1. 单击"ABB"按钮，在主菜单下单击"备份与恢复"	Production Manager　备份与恢复 生产屏幕　校准 RobotWare Dispense　控制面板 HotEdit　事件日志 输入输出　FlexPendant 资源管理器 手动操纵　系统信息 自动生产窗口 程序编辑器 注销 Default User　重新启动

操作说明	操作界面
2. 单击"备份当前系统…"	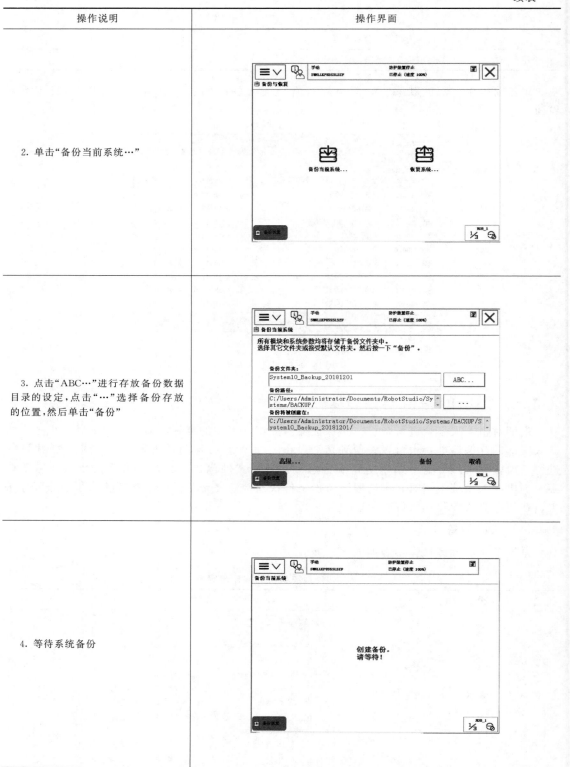
3. 点击"ABC…"进行存放备份数据目录的设定,点击"…"选择备份存放的位置,然后单击"备份"	
4. 等待系统备份	

（2）系统的恢复

系统恢复的具体操作步骤如表 2-10 所示。

表 2-10　系统恢复的操作步骤

操作说明	操作界面
1. 单击"ABB"按钮，在主菜单下单击"备份与恢复"，单击"恢复系统…"	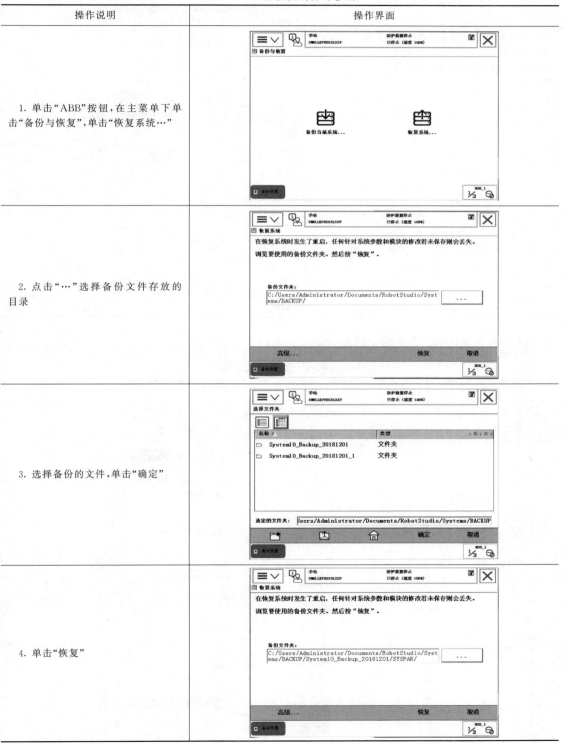
2. 点击"…"选择备份文件存放的目录	
3. 选择备份的文件，单击"确定"	
4. 单击"恢复"	

操作说明	操作界面
5. 单击"是"。需要注意的是,备份恢复数据是具有唯一性的,不能将一台机器人的备份数据恢复到另一台机器人上	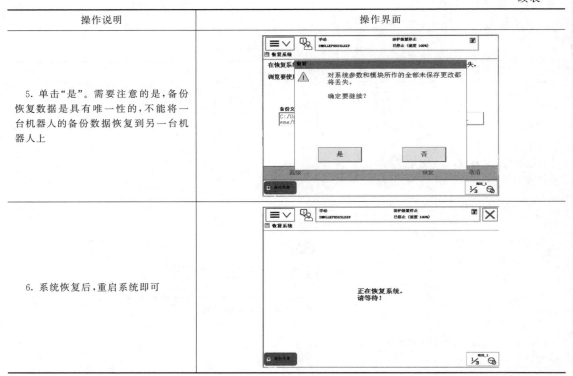
6. 系统恢复后,重启系统即可	

(3) 导入 EIO 文件 (表 2-11)

表 2-11 导入 EIO 文件

步骤	操作	图示
1	单击左上角主菜单按钮	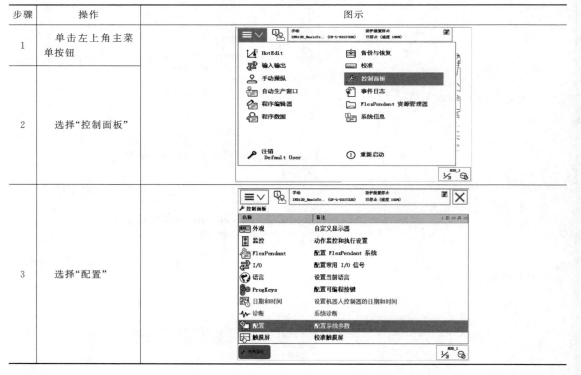
2	选择"控制面板"	
3	选择"配置"	

续表

步骤	操作	图示
4	打开"文件"菜单，单击"加载参数"	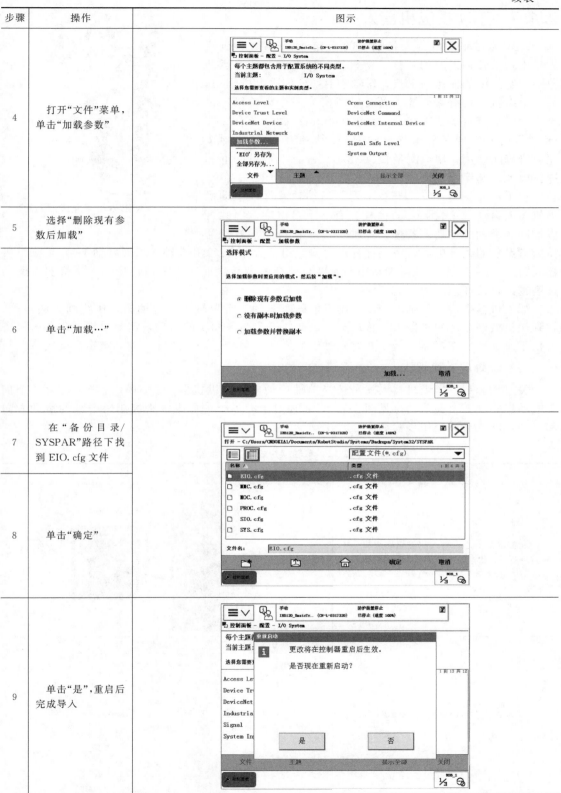
5	选择"删除现有参数后加载"	
6	单击"加载…"	
7	在"备份目录/SYSPAR"路径下找到 EIO.cfg 文件	
8	单击"确定"	
9	单击"是"，重启后完成导入	

2.1.7 手动操纵机器人

ABB 六轴工业机器人各轴如图 2-15 所示。ABB 机器人是由六个转轴组成的六杆开链机构，理论上可到达运动范围内空间中的任何一个点；每轴均有 AC 伺服电机驱动，每一个电机后均有编码器；每个轴均带有一个齿轮箱，机械手运动精度可达 ±0.05mm～±0.2mm；设备带有 24V DC，机器人均带有平衡气缸和弹簧；均带有手动松闸按钮，维修时使用；串口测量板（SMB）带有 6 节可充电的镍铬电池，起保存数据作用。

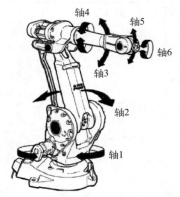

图 2-15 ABB 六轴工业机器人的轴

在手动操作模式下，选择不同的运动轴就可以手动操纵机器人运动。示教器上的摇杆具有 3 个自由度，因此可以控制 3 个轴的运动。若选择"轴 1-3"，在按下示教器的使能键给机器人上电后，拨动摇杆即可操纵机器人第 1、2 和 3 轴；选择"轴 4-6"可操纵机器人第 4、5 和 6 轴。机器人动作的速度与摇杆的偏转量成正比，偏转量越大，机器人运动速度越高，最高速度为 250mm/s。

如果机器人或外部轴不同步，则只能同时驱动一个单轴，且各轴的工作范围无法检测，在到达机械停止位时机器人停止运动。因此，若发生不同步的状况，需要对机器人各电机进行校正。手动操作机器人运动共有三种操作模式：单轴运动、线性运动和重定位运动。

（1）单轴移动机器人

关节坐标系下操纵机器人就是选择单轴运动模式操纵机器人。ABB 机器人是由 6 个伺服电动机驱动 6 个关节轴（见图 2-15），可通过示教器上的操纵杆来控制每个轴的运动方向和运动速度。具体操作步骤如表 2-12 所示。

表 2-12 单轴操纵机器人的步骤

操作说明	操作界面
1. 将控制柜上的机器人状态钥匙切换到中间的手动限速状态，在状态栏中确认机器人状态已切换为"手动"	手动限速模式
2. 在 ABB 主菜单中单击"手动操纵"	HotEdit　备份与恢复 输入输出　校准 手动操纵　控制面板 自动生产窗口　事件日志 程序编辑器　FlexPendant 资源管理器 程序数据　系统信息 注销　重新启动 Default User

操作说明	操作界面
3. 单击"动作模式"	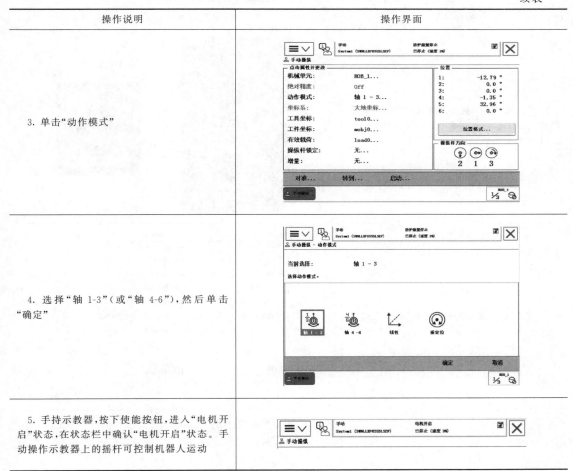
4. 选择"轴 1-3"（或"轴 4-6"），然后单击"确定"	
5. 手持示教器，按下使能按钮，进入"电机开启"状态，在状态栏中确认"电机开启"状态。手动操作示教器上的摇杆可控制机器人运动	

  操纵杆的操纵幅度和机器人的运动速度相关：操纵幅度越小，机器人运动速度越慢；操纵幅度越大，机器人运动速度越快。为了安全起见，在手动模式下，机器人的移动速度要小于 250mm/s。操作人员应面向机器人站立，机器人的移动方向如表 2-13 所示。

表 2-13 操纵杆的操作说明

序号	摇杆操作方向	机器人移动方向
1	操作方向为操作者前后方向	沿 X 轴运动
2	操作方向为操作者的左右方向	沿 Y 轴运动
3	操作方向为操纵杆正反旋转方向	沿 Z 轴运动
4	操作方向为操纵杆倾斜方向	做与摇杆倾斜方向相应的倾斜移动

（2）线性模式移动机器人

  直角坐标系下手动操纵机器人即选择线性运动模式操纵机器人。线性运动模式是指安装在机器人第 6 轴法兰盘上工具的 TCP（tool centre point，工具中心点）在空间做线性运动。这种运动模式的特点是不改变机器人第 6 轴加载工具的姿态，从一目标点直线运动至另一目标点。在手动线性运动模式下控制机器人运动的操作步骤如表 2-14 所示。

表 2-14　线性运动模式下操纵机器人的步骤

操作说明	操作界面
1. 将控制柜上的机器人状态钥匙切换到中间的手动限速状态,在状态栏中确认机器人状态已切换为"手动"	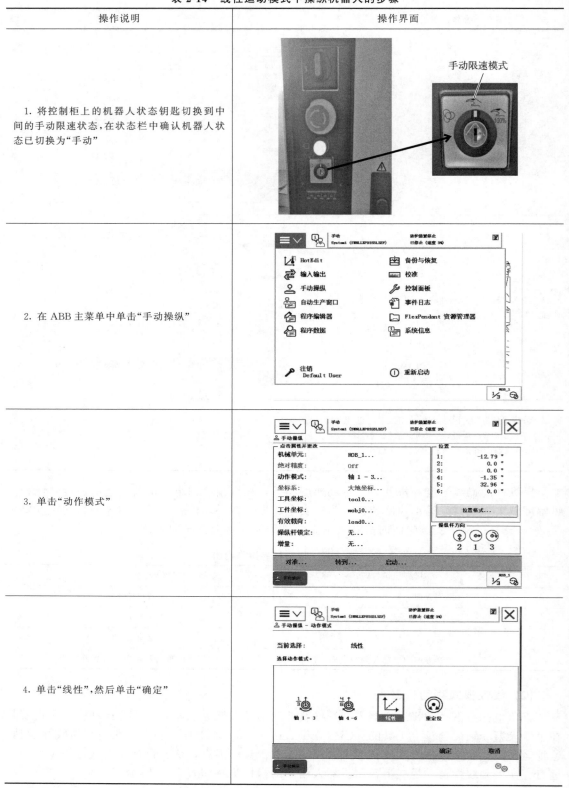
2. 在 ABB 主菜单中单击"手动操纵"	
3. 单击"动作模式"	
4. 单击"线性",然后单击"确定"	

续表

操作说明	操作界面
5. 单击"工具坐标"。机器人的线性运动要在工具坐标中选定相应的工具坐标系	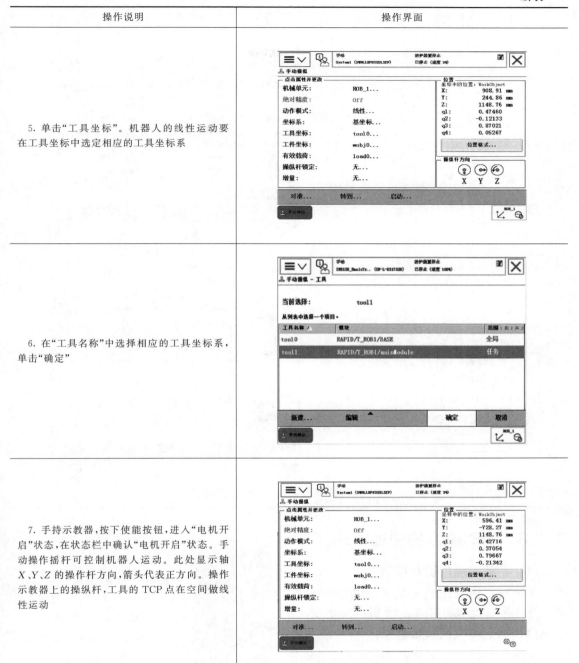
6. 在"工具名称"中选择相应的工具坐标系，单击"确定"	
7. 手持示教器，按下使能按钮，进入"电机开启"状态，在状态栏中确认"电机开启"状态。手动操作摇杆可控制机器人运动。此处显示轴 X、Y、Z 的操作杆方向，箭头代表正方向。操作示教器上的操纵杆，工具的 TCP 点在空间做线性运动	

（3）增量模式控制机器人运动

如果对使用操纵杆通过位移幅度来控制机器人运动的速度不熟练的话，那么可以使用"增量"模式来控制机器人的运动。在增量模式下，操纵杆每位移一次，机器人就移动一步。操纵杆位移持续 1s 或数秒后，机器人就会持续移动，移动速率为 10 步/s。

增量模式控制机器人运动的操作步骤如表 2-15 所示。

表 2-15　增量模式控制机器人运动的步骤

操作说明	操作界面
1."手动操纵"界面中,选中"增量"	
2. 根据需要选择增量的移动距离,然后单击"确定" 	增量	移动距离/mm	角度/(°)
---	---	---
小	0.05	0.005
中	1	0.02
大	5	0.2
用户	自定义	自定义		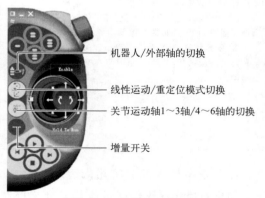

2.1.8　手动操纵的快捷方式

（1）手动操纵的快捷按钮

在示教器面板上设置有手动操纵的快捷键，具体布局及功能如图 2-16 所示。

（2）手动操纵的快捷菜单

快捷菜单提供较操作窗口更加快捷的操作按键，可用于选择机器人的运动模式、坐标系等，是"手动操纵"的快捷操作界面。每项菜单使用一个图标显示当前的运行模式或设定值。快捷菜单如图 2-16 所示，各选项含义见表 2-4。具体操作步骤及界面说明如表 2-16 所示。

机器人/外部轴的切换

线性运动/重定位模式切换

关节运动轴1~3轴/4~6轴的切换

增量开关

图 2-16　快捷键及说明

表 2-16　快捷键操作步骤

操作说明	操作界面
1. 单击快捷菜单按钮	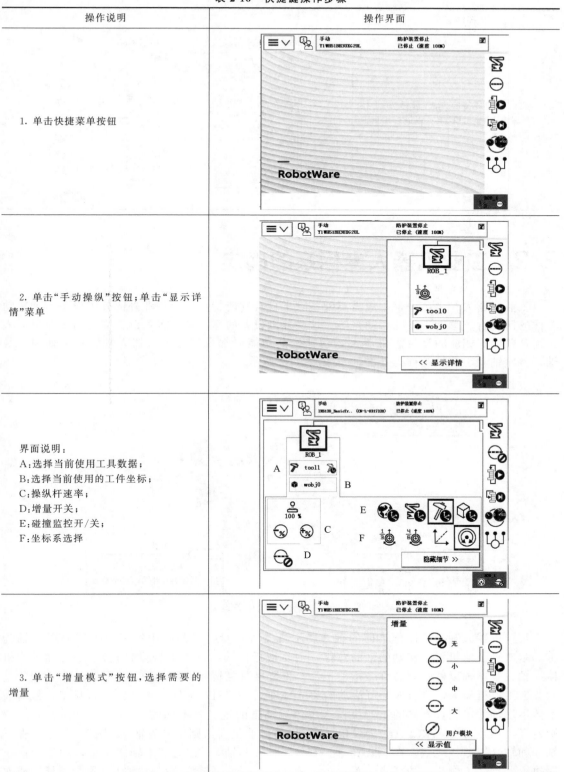
2. 单击"手动操纵"按钮；单击"显示详情"菜单	
界面说明： A：选择当前使用工具数据； B：选择当前使用的工件坐标； C：操纵杆速率； D：增量开关； E：碰撞监控开/关； F：坐标系选择	
3. 单击"增量模式"按钮，选择需要的增量	

操作说明	操作界面
4. 自定义增量值的方法：选择"用户模块"，然后单击"显示值"就可以进行增量值的自定义了	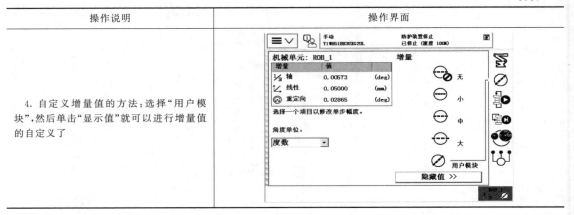

2.2　工业机器人坐标系的确定

工业机器人在生产中，一般需要配备除了自身性能特点要求作业外的外围设备，如转动工件的回转台、移动工件的移动台等。这些外围设备的运动和位置控制都需要与工业机器人相配合并要求相应的精度。机器人运动轴按其功能通常可划分为机器人轴、基座轴和工装轴，基座轴和工装轴统称为外部轴，如图 2-17 所示。

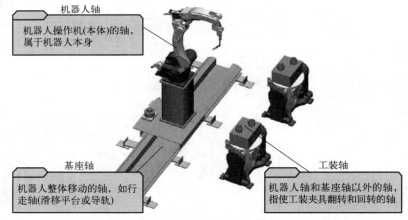

图 2-17　机器人系统中各运动轴

工业机器人轴是指操作本体的轴，属于机器人本身，目前商用的工业机器人以 8 轴为主。基座轴是使机器人移动的轴的总称，主要指行走轴（移动滑台或导轨）。工装轴是除机器人轴、基座轴以外轴的总称，指使工件、工装夹具翻转和回转的轴。实际生产中常用的是六关节工业机器人，它有 6 个可活动的关节（轴）。表 2-17 与图 2-18 所示为常见工业机器人本体运动轴的定义，不同的工业机器人本体运动轴的定义是不同的：KUKA 机器人 6 轴分别定义为 A1、A2、A3、A4、A5 和 A6；ABB 工业机器人则定义为轴 1、轴 2、轴 3、轴 4、轴 5 和轴 6。其中，A1、A2 和 A3 轴（轴 1、轴 2 和轴 3）称为基本轴或主轴，用于保证末端执行器到达工作空间的任意位置；A4、A5 和 A6 轴（轴 4、轴 5 和轴 6）称为腕部轴或次轴，用于实现末端执行器的任意空间姿态。图 2-19 所示是 YASKAWA 工业机器人各运动轴的关系。

表 2-17　常见工业机器人本体运动轴的定义

轴类型	轴名称				动作说明
	ABB	FANUC	YASKAWA	KUKA	
主轴 （基本轴）	轴 1	J1	S 轴	A1	本体回旋
	轴 2	J2	L 轴	A2	大臂运动
	轴 3	J3	U 轴	A3	小臂运动
次轴 （腕部运动）	轴 4	J4	R 轴	A4	手腕旋转运动
	轴 5	J5	B 轴	A5	手腕上下摆运动
	轴 6	J6	T 轴	A6	手腕圆周运动

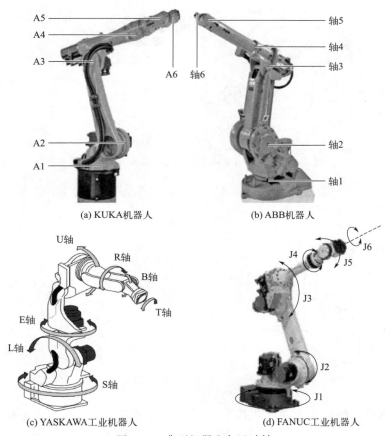

(a) KUKA机器人　　　(b) ABB机器人

(c) YASKAWA工业机器人　　　(d) FANUC工业机器人

图 2-18　典型机器人各运动轴

2.2.1　机器人坐标系的确定

（1）机器人坐标系的确定原则

机器人程序中所有点的位置都是和一个坐标系相联系的，同时，这个坐标系也可能和另外一个坐标系有联系。

机器人的各种坐标系都由正交的右手定则来决定，如图 2-20 所示。围绕平行于 X、Y、

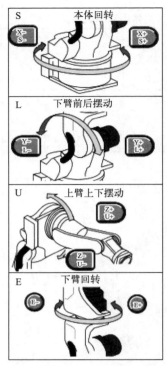

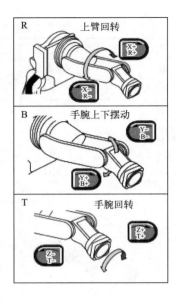

图 2-19 YASKAWA 工业机器人各运动轴的关系

Z 轴线的各轴旋转，分别定义为 A、B、C。A、B、C 分别以 X、Y、Z 轴的正方向上右手螺旋前进的方向为正方向（如图 2-21 所示）。

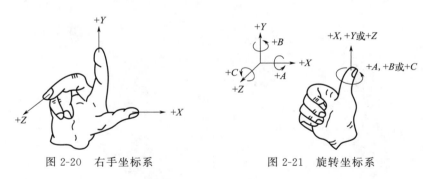

图 2-20 右手坐标系   图 2-21 旋转坐标系

常用的坐标系是绝对坐标系、机座坐标系、机械接口坐标系和工具坐标系，如图 2-22 所示。

（2）绝对坐标系

绝对坐标系是与机器人的运动无关，以地球为参照系的固定坐标系。其符号：$O_0\text{-}X_0Y_0Z_0$。

① 原点 O_0　绝对坐标系的原点 O_0 由用户根据需要来确定。

② $+Z_0$ 轴　$+Z_0$ 轴与重力加速度的矢量共线，但其方向相反。

③ $+X_0$ 轴　$+X_0$ 轴根据用户的使用要求来确定。

（3）机座坐标系

机座坐标系是以机器人机座安装平面为参照系的坐标系。其符号：O_1-$X_1Y_1Z_1$。

① 原点 O_1　机座坐标系的原点由机器人制造厂规定。

② $+Z_1$ 轴　$+Z_1$ 轴垂直于机器人机座安装面，指向机器人机体。

③ $+X_1$ 轴　$+X_1$ 轴的方向是由原点指向机器人工作空间中心点 C_w（见 GB/T 12644—2001）在机座安装面上的投影（见图 2-23）。当由于机器人的构造而不能实现此约定时，X_1 轴的方向可由制造厂规定。

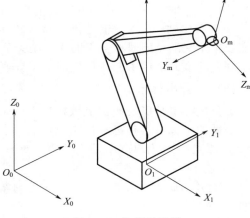

图 2-22　坐标系示例

（4）机械接口坐标系

如图 2-24 所示，机械接口坐标系是以机械接口为参照系的坐标系。其符号：O_m-$X_mY_mZ_m$。

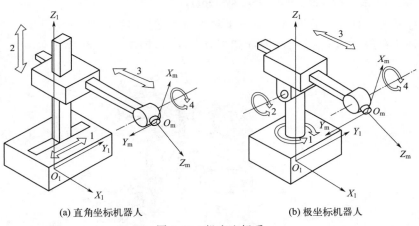

(a) 直角坐标机器人　　　　　(b) 极坐标机器人

图 2-23　机座坐标系

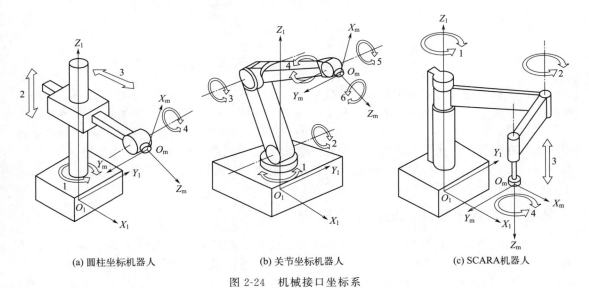

(a) 圆柱坐标机器人　　　　(b) 关节坐标机器人　　　　(c) SCARA机器人

图 2-24　机械接口坐标系

① 原点 O_m　机械接口坐标系的原点 O_m 是机械接口的中心。

② $+Z_m$ 轴　$+Z_m$ 轴的方向，垂直于机械接口中心，并由此指向末端执行器。

③ $+X_m$ 轴　$+X_m$ 轴是由机械接口平面和 $X_1O_1Z_1$ 平面（或平行于 $X_1O_1Z_1$ 平面）的交线来定义的。同时机器人的主、副关节轴处于运动范围的中间位置。当机器人的构造不能实现此约定时，应由制造厂规定主关节轴的位置。$+X_m$ 轴的指向是远离 Z_1 轴。

（5）工具坐标系

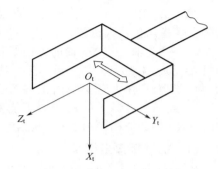

工具坐标系是以安装在机械接口上的末端执行器为参照系的坐标系。其符号：O_t-$X_tY_tZ_t$。

① 原点 O_t　原点 O_t 是工具中心点（TCP），见图 2-25。

② $+Z_t$ 轴　$+Z_t$ 轴与工具有关，通常是工具的指向。

③ $+Y_t$ 轴　在平板式夹爪型夹持器夹持时，$+Y_t$ 是在手指运动平面的方向。

图 2-25　工具坐标系

（6）工件坐标系（object coordinate system）

工件坐标系与工件相关，通常是最适于对机器人进行编程的坐标系。

工件坐标系对应工件：它定义工件相对于大地坐标系（或其他坐标系）的位置，如图 2-26 所示。

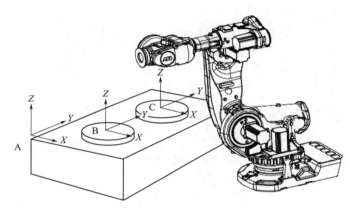

图 2-26　工件坐标系

A—大地坐标系；B—工件坐标系 1；C—工件坐标系 2

工件坐标系是拥有特定附加属性的坐标系。它主要用于简化编程。工件坐标系拥有两个框架：用户框架（与大地基座相关）和工件框架（与用户框架相关）。机器人可以拥有若干工件坐标系，用于表示不同工件，或者表示同一工件在不同位置的若干副本。对机器人进行编程就是在工件坐标系中创建目标和路径。这带来很多优点：重新定位工作站中的工件时，只需更改工件坐标系的位置，所有路径将即刻随之更新。允许操作以外轴或传送导轨移动的工件，因为整个工件可连同其路径一起移动。

2.2.2　工具坐标 tooldata 的设定

工具坐标系的工具数据（tooldata）用于描述安装在机器人第六轴上的工具 TCP、质量、重心等参数数据。所有机器人在手腕处都有一个预定义工具坐标系（tool0），默认工具（tool0）的工具中心点位于机器人安装末端执行器法兰盘的中心，与机器人基座方向一致。

创建新工具时，tooldata 工具类型变量将随之创建。该变量名称将成为工具的名称。新工具具有质量、框架、方向等初始默认值，这些值在工具使用前必须进行定义。

标定工具坐标系时，需要标定特殊空间点。空间点的个数从 3 点直到 9 点，标定的点数越多，TCP 的设定越准确，相应的操作难度越大。标定工具坐标系时，首先在机器人工作范围内找一个精确的固定点做参考点；然后在工具上确定一个参考点即 TCP 点，例如在焊接机器人中，常定义焊丝端头为焊枪工具的 TCP 点；用手动操纵机器人的方法，移动工具上的 TCP 点通过 N 种不同姿态同固定点相碰，得出多组解，通过计算得出当前 TCP 与机器人手腕中心点（tool0）的相应位置，坐标方向与 tool0 一致。可以采用三点法标定 TCP 点；一般为了获得更精确的 TCP，我们常使用六点法进行操作，第 4 点是用工具的参考点垂直于固定点，第 5 点是工具参考点从固定点向将要设定为 TCP 的 X 方向移动，第六点是工具参考点从固定点向将要设定为 TCP 的 Z 方向移动。六点法标定工具坐标系的操作步骤见表 2-18。

表 2-18　六点法标定工具坐标系

操作说明	操作界面
1. 将控制柜上的机器人状态钥匙切换到中间的手动限速状态,在状态栏中确认机器人状态已切换为"手动"	
2. 在 ABB 主菜单中单击"手动操纵"	
3. 单击"工具坐标"	

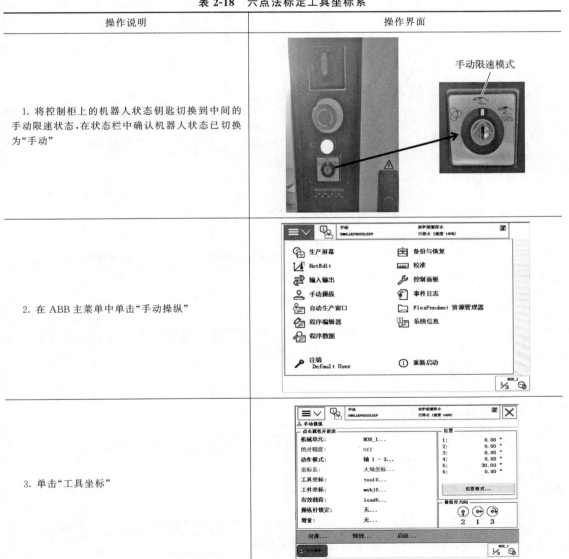

操作说明	操作界面
4. 单击"新建…"	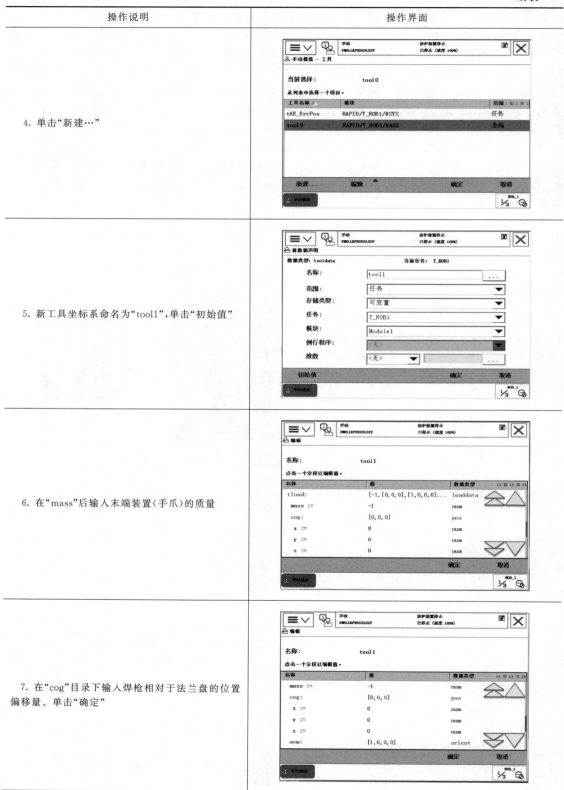
5. 新工具坐标系命名为"tool1",单击"初始值"	
6. 在"mass"后输入末端装置(手爪)的质量	
7. 在"cog"目录下输入焊枪相对于法兰盘的位置偏移量。单击"确定"	

续表

操作说明	操作界面
8. 单击"确定"	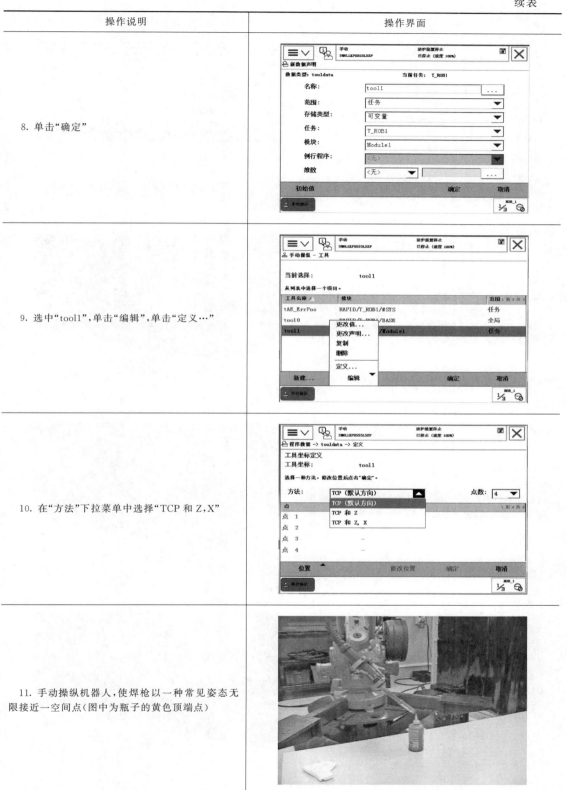
9. 选中"tool1"，单击"编辑"，单击"定义…"	
10. 在"方法"下拉菜单中选择"TCP 和 Z,X"	
11. 手动操纵机器人，使焊枪以一种常见姿态无限接近一空间点（图中为瓶子的黄色顶端点）	

操作说明	操作界面
12. 在示教器中选中"点1",单击"修改位置",记录下该空间点	 手动 SMALLEPO5SLSZF 防护装置停止 已停止(速度 100%) 程序数据 → tooldata → 定义 工具坐标定义 工具坐标: tool1 选择一种方法,修改位置后点击"确定"。 方法: TCP(默认方向) 点数: 4 点 状态 1第4共4 点 1 点 2 — 点 3 — 点 4 — 位置 修改位置 确定 取消 1/3
13. 同理,改变焊枪姿态,手动操纵机器人 TCP 点无限接近设定的空间点后,分别记录下点 2 和点 3。注意:在 3 个记录点上焊枪姿态相差越大,设定的工具坐标系越精准	
14. 手动操纵机器人,使 TCP 点垂直并无限接近于设定的空间点,记录下第 4 点	
15. 手动操纵机器人 TCP 点从第 4 点沿设定的 X 方向移动一段距离后,记录为第 5 点	

操作说明	操作界面
16. 手动操纵机器人 TCP 点重新回到记录的第 4 点，然后操纵 TCP 沿设定的 Z 方向移动一定距离，记录为第 6 点	
17. 六点全部记录后，在示教器窗口中，单击"确定"。工具坐标系 tool1 标定完成	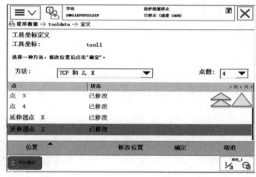

2.2.3　重定位运动模式移动机器人

工具坐标系下手动操纵机器人即在重定位运动模式下操纵机器人。机器人的重定位运动是指机器人第 6 轴法兰盘上的工具 TCP 点在空间中绕着坐标轴旋转的运动，也可以理解为机器人绕着工具 TCP 点做姿态调整的运动。具体操作步骤如表 2-19 所示。

表 2-19　重定位运动模式下操纵机器人的步骤

操作说明	操作界面
1. 将控制柜上的机器人状态钥匙切换到中间的手动限速状态，在状态栏中确认机器人状态已切换为"手动"	手动限速模式

操作说明	操作界面
2. 在 ABB 主菜单中单击"手动操纵"	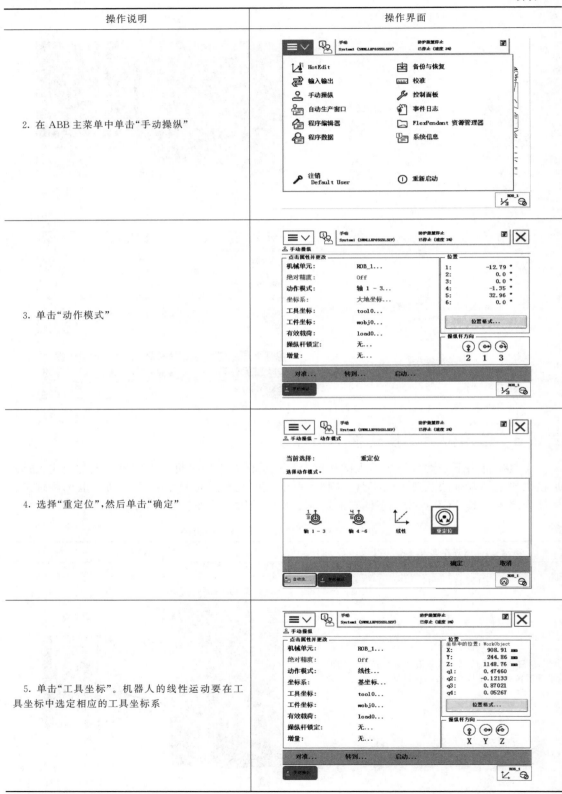
3. 单击"动作模式"	
4. 选择"重定位",然后单击"确定"	
5. 单击"工具坐标"。机器人的线性运动要在工具坐标中选定相应的工具坐标系	

续表

操作说明	操作界面
6. 在"工具名称"中选择相应的工具坐标系,单击"确定"	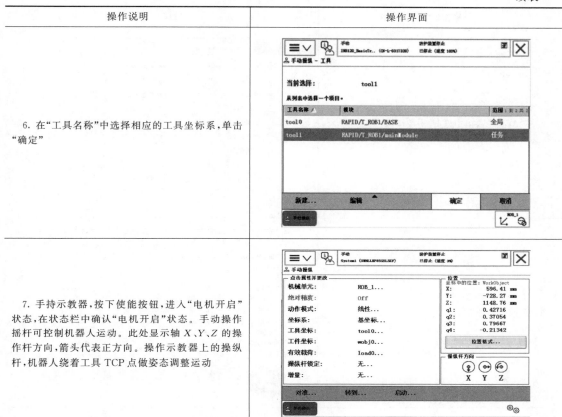
7. 手持示教器,按下使能按钮,进入"电机开启"状态,在状态栏中确认"电机开启"状态。手动操作摇杆可控制机器人运动。此处显示轴 X、Y、Z 的操作杆方向,箭头代表正方向。操作示教器上的操纵杆,机器人绕着工具 TCP 点做姿态调整运动	

2.2.4　工件坐标 wobjdata 的设定

工件坐标系的设置步骤如表 2-20 所示。

表 2-20　工件坐标系的设置步骤

操作说明	操作界面
1. 将控制柜上的机器人状态钥匙切换到中间的手动限速状态,在状态栏中确认机器人状态已切换为"手动"	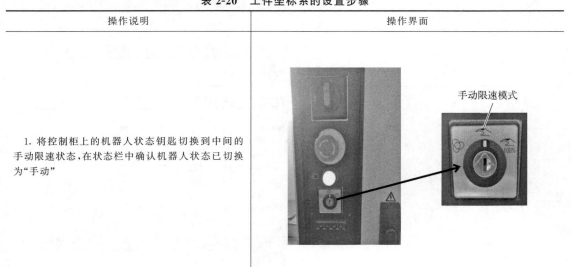手动限速模式

操作说明	操作界面
2. 在 ABB 主菜单中单击"手动操纵"	
3. 单击"工件坐标"	
4. 单击"新建…"	
5. 新工具坐标系命名为"wobj1",单击"初始值"	

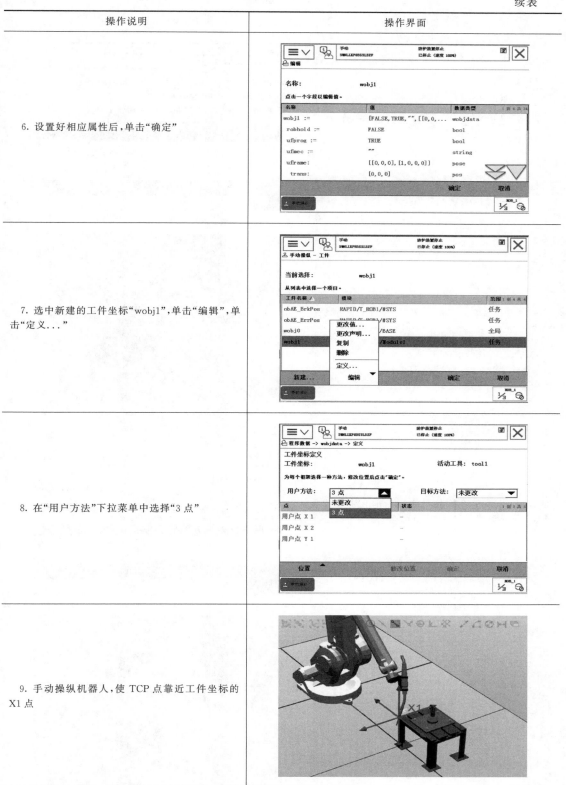

续表

操作说明	操作界面
6. 设置好相应属性后，单击"确定"	
7. 选中新建的工件坐标"wobj1"，单击"编辑"，单击"定义…"	
8. 在"用户方法"下拉菜单中选择"3 点"	
9. 手动操纵机器人，使 TCP 点靠近工件坐标的 X1 点	

操作说明	操作界面
10. 在示教器中选中"用户点 X1",单击"修改位置",记录下该空间点	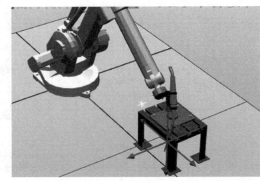
11. 手动操纵机器人,使 TCP 点靠近工件坐标的 X2 点	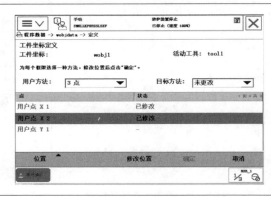
12. 在示教器中选中"用户点 X2",单击"修改位置",记录下该空间点	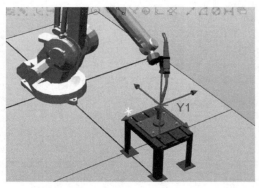
13. 手动操纵机器人,使 TCP 点靠近工件坐标的 Y1 点	

续表

操作说明	操作界面
14. 单击"修改位置",记录下该空间点,然后单击"确定"。工件坐标系创建完成	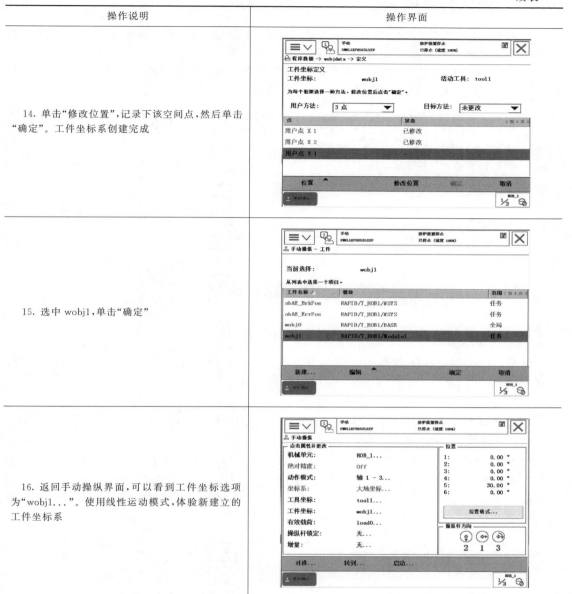
15. 选中 wobj1,单击"确定"	
16. 返回手动操纵界面,可以看到工件坐标选项为"wobj1..."。使用线性运动模式,体验新建立的工件坐标系	

2.3　程序数据的设置

　　程序数据是在程序模块或系统模块中设定的值和定义的一些环境数据。在机器人的编程中,为了简化指令语句,需要在语句中调用相关程序数据。这些程序数据都是按照不同功能分类并编辑好后存储在系统内的,因此我们要根据实际需要提前创建好不同类型的程序数据以备调用。创建的程序数据通过同一个模块或其他模块中的指令进行引用。

2.3.1　程序数据的类型

ABB 机器人的程序数据共有 100 个左右。程序数据可以根据实际情况进行创建，为 ABB 机器人的程序设计提供了良好的数据支持。

数据类型可以利用示教器主菜单中的"程序数据"窗口进行查看，也可以在该目录下创建所需要的程序数据。程序数据界面如图 2-27 所示。

图 2-27　程序数据界面

按照存储类型，程序数据主要包括变量（VAR）、可变量（PERS）、常量（CONST）三种类型。

（1）变量

变量型数据在程序执行的过程中和停止时，会保持当前的值。但如果程序指针被移到主程序后，当前数值会丢失。

以图 2-28 中变量型数据为例，其中 VAR 表示存储类型为变量，num 表示程序数据类型。在定义数据时，可以定义变量数据的初始值，如 length 的初始值为 0，name 的初始值为 Rose，flag 的初始值为 FALSE。在程序中执行变量型数据的赋值，在指针复位后将恢复为初始值。

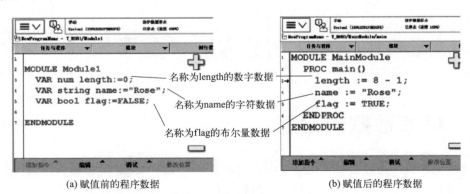

(a) 赋值前的程序数据　　　　　　　　(b) 赋值后的程序数据

图 2-28　程序数据赋值前后对比

（2）可变量

可变量最大的特点是，无论程序的指针如何，都会保持最后赋予的值。可变量程序数据的赋值如图 2-29 所示。

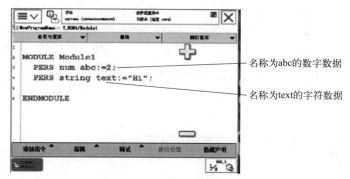

图 2-29　可变量程序数据的赋值

在机器人执行的 RAPID 程序中也可以对可变量存储类型的程序数据进行赋值的操作，PERS 表示存储类型为可变量。需特别注意的是在程序执行完成以后，赋值的结果会一直保持不变，直到对其进行重新赋值。

（3）常量

常量的特点是在定义时已赋予了数值，不允许在程序编辑中进行修改，需要修改时可手动修改。常量程序数据的赋值如图 2-30 所示。

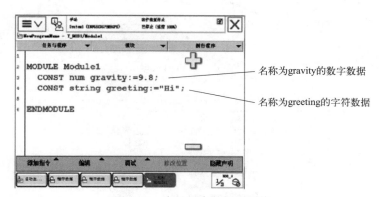

图 2-30　常量程序数据的赋值

2.3.2　常用程序数据说明举例

（1）数值数据（num）

num 用于存储数值数据；可写为整数（如图 2-31 所示）、小数，也可以指数的形式写入，例如：2E3（＝2×10^3＝2000），2.5E-2（＝0.025）。

（2）逻辑值数据（bool）

bool 用于存储逻辑值（真/假）数据，即 bool 型数据值可以为 TRUE 或 FALSE，如图 2-32 所示。

（3）字符串数据（string）

string 用于存储字符串数据，如图 2-33 所示。字符串由一串前后附有引号("")的字符（最多 80 个）组成，例如，"This is a character string"。如果字符串中包括反斜线（\），则必须写两个反斜线符号，例如，"This string contains a \\ character"。

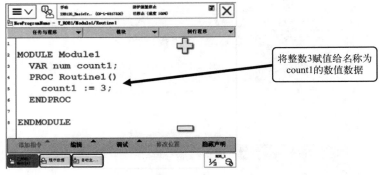

图 2-31　数值数据

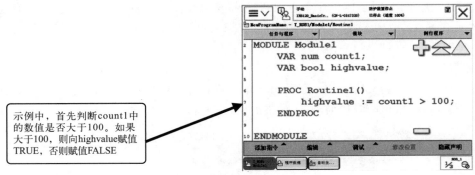

图 2-32　逻辑值数据

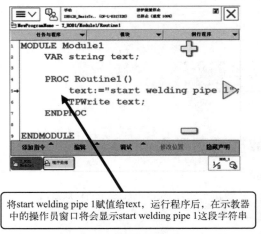

图 2-33　字符串数据

（4）位置数据（robtarget）

robtarget（robot target）用于存储机器人和附加轴的位置数据。位置数据的内容是在运动指令中机器人和外轴将要移动到的位置。robtarget 由 4 个部分组成，如表 2-21 所示。

表 2-21　位置数据 robtarget

组件	说明
trans	1) 全称: translation 2) 数据类型: pos 3) 数据给定方式: 工具中心点的所在位置 (x、y 和 z), 单位为 mm 4) 存储当前工具中心点在当前工件坐标系的位置。如果未指定任何工件坐标系, 则当前工件坐标系为大地坐标系
rot	1) 全称: rotation 2) 数据类型: orient 3) 数据给定方式: 工具姿态, 以四元数的形式表示 (q1、q2、q3 和 q4) 4) 存储相对于当前工件坐标系方向的工具姿态。如果未指定任何工件坐标系, 则当前工件坐标系为大地坐标系
robconf	1) 全称: robot configuration 2) 数据类型: confdata 3) 数据给定方式: 工业机器人的轴配置 (cf1、cf4、cf6 和 cfx)。以轴 1、轴 4 和轴 6 当前四分之一旋转的形式进行定义。将第一个正四分之一旋转 0°~90° 定义为 0° 组件。cfx 的含义取决于工业机器人的类型
extax	1) 全称: external axes 2) 数据类型: extjoint 3) 数据给定方式: 附加轴的位置 4) 对于旋转轴, 其位置定义为从校准位置起旋转的度数 5) 对于线性轴, 其位置定义为与校准位置的距离 (mm)

位置数据 robtarget 示例如下:

CONST robtarget p15:=[[600,500,225.3],[1,0,0,0],[1,1,0,0],[11,12.3,9E9,9E9,9E9,9E9]];

位置 p15 定义如下:

① 工业机器人在工件坐标系中的位置: $x = 600\text{mm}$, $y = 500\text{mm}$, $z = 225.3\text{mm}$。

② 工具的姿态与工件坐标系的方向一致。

③ 工业机器人的轴配置: 轴 1 和轴 4 位于 90°~180°, 轴 6 位于 0°~90°。

④ 附加逻辑轴 a 和 b 的位置单位为度或毫米 (根据轴的类型)。

⑤ 未定义轴 c 到轴 f。

(5) 关节位置数据 (jointtarget)

jointtarget 用于存储工业机器人和附加轴的每个单独轴的角度位置。通过 moveabsj 可以使工业机器人和附加轴运动到 jointtarget 关节位置处。jointtarget 由 2 个部分组成, 见表 2-22。

表 2-22　关节位置数据 jointtarget

组件	说明
robax	1) 全称: robot axes 2) 数据类型: robjoint 3) 数据给定方式: 工业机器人轴的轴位置, 单位为度 (°) 4) 将轴位置定义为各轴 (臂) 从轴校准位置沿正方向或反方向旋转的度数
extax	1) 全称: external axes 2) 数据类型: extjont 3) 数据给定方式: 附加轴的位置 4) 对于旋转轴, 其位置定义为从校准位置起旋转的度数 5) 对于线性轴, 其位置定义为与校准位置的距离 (mm)

关节位置数据 jointtarget 示例如下：

CONST jointtarget calib_pos：=[[0,0,0,0,0,0],[0,9E9,9E9,9E9,9E9,9E9]]；

通过数据类型 jointtarget 在 calib_pos 存储了工业机器人的机械原点位置，同时定义外部轴 a 的原点位置 0（单位：度或毫米），未定义外轴 b 到 f。

（6）速度数据（speeddata）

speeddata 用于存储工业机器人和附加轴运动时的速度数据。速度数据定义了工具中心点移动时的速度、工具的重定位速度、线性或旋转外轴移动时的速度。speeddata 由 4 个部分组成，见表 2-23。

表 2-23 速度数据 speeddata

组件	说明
v_tcp	1）全称：velocity tcp 2）数据类型：num 3）数据给定方式：工具中心点（TCP）的速度，单位为 mm/s 4）如果使用固定工具或协同的外轴，则是相对于工件的速率
v_ori	1）全称：external axes 2）数据类型：num 3）数据给定方式：TCP 的重定位速度，单位为（°）/s 4）如果使用固定工具或协同的外轴，则是相对于工件的速率
v_leax	1）全称：velocity linear external axes 2）数据类型：num 3）数据给定方式：线性外轴的速度，单位为 mm/s
v_reax	1）全称：velocity rotational external axes 2）数据类型：num 3）数据给定方式：旋转外轴的速率，单位为（°）/s

速度数据 speeddata 示例如下：

VAR speeddata vmedium：=[1000,30,200,15]；

使用以下速度，定义了速度数据 vmedium：

① TCP 速度为 1000mm/s。

② 工具的重定位速度为 30（°）/s。

③ 线性外轴的速度为 200mm/s。

④ 旋转外轴速度为 15（°）/s。

（7）转角区域数据（zonedata）

zonedata 用于规定如何结束一个位置，也就是规定在朝下一个位置移动之前，工业机器人必须如何接近编程位置。

可以以停止点或飞越点的形式来终止一个位置。停止点意味着工业机器人和外轴必须在使用下一个指令来继续程序执行之前到达指定位置（静止不动）。飞越点意味着从未到达编程位置，而是在到达该位置之前改变运动方向。zonedata 由 7 个部分组成，见表 2-24。

表 2-24 转角区域数据 zonedata

组件	说明
finep	（1）全称：fine point （2）数据类型：bool （3）规定运动是否以停止点（fine 点）或飞越点结束

组件	说明
finep	1）TRUE：运动随停止点而结束，且程序执行将不再继续，直至工业机器人达到停止点。未使用区域数据中的其他组件数据 2）FALSE：运动随飞越点而结束，且程序执行在工业机器人到达区域之前继续进行大约 100ms
pzone_tcp	1）全称：path zone TCP 2）数据类型：num 3）数据给定方式：TCP 区域的尺寸（半径），单位为 mm 4）根据组件 pzone_ori、pzone_eax、zonc_ori、zone_leax、zone_reax 和编程运动，将扩展区域定义为区域的最小相对尺寸
pzone_ori	1）全称：path zone orientation 2）数据类型：num 3）数据给定方式：有关工具重新定位的区域半径。将半径定义为 TCP 距编程点的距离，单位为 mm 4）数值必须大于 pzone_tcp 的对应值。如果低于对应值，则数值自动增加，以使其与 pzone_tcp 相同
pzone_eax	1）全称：path zone external axes 2）数据类型：num 3）数据给定方式：有关外轴的区域半径。将半径定义为 TCP 距编程点的距离，以 mm 计 4）数值必须大于 pzone_tcp 的对应值。如果低于对应值，则数值自动增加，以使其与 pzone_tcp 相同
zone_ori	1）全称：zone orientation 2）数据类型：num 3）数据给定方式：工具重新定位的区域大小，单位为度（°） 4）如果工业机器人正夹持着工件，则是指工件的旋转角度
zone_leax	1）全称：zone linear external axes 2）数据类型：num 3）数据给定方式：线性外轴的区域半径大小，单位为 mm
zone_reax	1）全称：zone rotational external axes 2）数据类型：num 3）数据给定方式：旋转外轴的区域大小，单位为度（°）

转角区域数据（zonedata）示例如下：

VAR zonedata path＝［false，25，40，40，10，35，5］；

通过以下数据，定义转角区域数据 path：

① TCP 路径的区域半径为 25mm。

② 工具重定位的区域半径为 40mm（TCP 运动）。

③ 外轴的区域半径为 40mm（TCP 运动）。

如果 TCP 静止不动，或存在大幅度重新定位，或存在有关该区域的外轴大幅度运动，则应用以下规定：

① 工具重定位的区域为 10°。

② 线性外轴的区域半径为 35mm。

③ 旋转外轴的区域为 5°。

2.4 工业机器人编程指令简介

2.4.1 常用运动指令

(1) 绝对位置运动指令 (MoveAbsJ)

绝对位置运动指令是指机器人的运动使用 6 个轴和外轴的角度值来定义目标位置数据。MoveAbsJ 常用于机器人 6 个轴回到机械零点（0°）的位置，如图 2-34 所示。指令解析见表 2-25。当然，也有六轴不回到机械零点的情况，比如搬运工业机器人可设置为第 5 轴 90°，其他轴 0°。

图 2-34 绝对位置运动指令

表 2-25 指令解析

序号	参数	定义
1	*	目标点名称,位置数据。也可进行定义,如定义为 jpos10
2	\NoEOffs	外轴不带偏移数据
3	V1000	运动速度数据,1000m/s
4	Z50	转弯区数据。转弯区的数值越大,机器人的动作越圆滑与流畅
5	Tool1	工具坐标数据
6	Wobj1	工件坐标数据

运动指令后+DO，其功能为到达目标点触发 DO 信号。如果有转弯数据 z，则在转弯中间点触发；如果 z 为 fine，则到达目标点触发 DO。

(2) 关节运动指令 (MoveJ)

程序一般起始点使用 MoveJ 指令。机器人将 TCP 沿最快速运动轨迹送到目标点，机器人的姿态会随意改变，TCP 路径不可预测。机器人最快速运动轨迹通常不是最短的轨迹，因而关节轴运动一般不是直线。由于机器人轴的旋转运动，弧形轨迹会比直线轨迹更快。运动示意图如图 2-35 所示。运动特点是：运动的具体过程是不可预见的；6 个轴同时启动并且同时停止；机器人以最快捷的方式运动至目标点，机器人运动状态不完全可控，但运动路径保持唯一，常用于机器人在空间大范围移动。

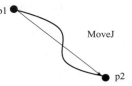

图 2-35　运动指令示意图

　　使用 MoveJ 指令可以使机器人的运动更加高效、快速，也可以使机器人的运动更加柔和，但是关节轴运动轨迹是不可预见的，所以使用该指令时务必确认机器人与周边设备不会发生碰撞。

1）标准指令格式

MoveJ[\Conc,]ToPoint,Speed[\V] [\T],Zone[\Z] [\Inpos],Tool[\Wobj];

指令格式说明：

① [\ Conc,]：协作运动开关。
② ToPoint：目标点默认为 *。
③ Speed：运行速度数据。
④ [\ V]：特殊运行速度，单位为 mm/s。
⑤ [\ T]：运行时间控制，单位为 s。
⑥ Zone：运行转角数据。
⑦ [\ Z]：特殊运行转角，单位为 mm。
⑧ [\ Inpos]：运行停止点数据。
⑨ Tool：工具中心点（TCP）。
⑩ [\ Wobj]：工件坐标系。

例如：

```
MoveJ p1,v2000,fine,grip1;
MoveJ\Conc,p1,v2000,fine,grip1;
MoveJ p1,v2000\V:=2200,z40\z:45,grip1;
MoveJ p1,v2000,z40,grip1\Wobj=wobjTable;
MoveJ\Conc,p1,v2000,fine\Inpos:=inpos50,grip1;
```

2）常用指令格式

MoveJ 关节运动指令的说明如图 2-36 所示。

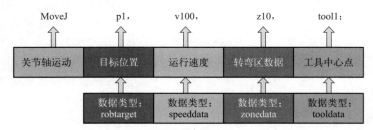

图 2-36　直线运动指令（MoveJ）示意图

3）编程实例

根据如图 2-37 所示的运动轨迹，写出其关节指令程序。

图 2-37 所示的运动轨迹的指令程序如下：

```
MoveL p1,v200,z10,tool1;
MoveL p2,v100,fine,tool1;
MoveJ p3,v500,fine,tool1;
```

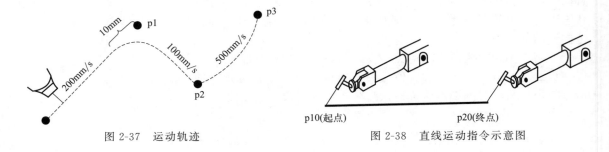

图 2-37　运动轨迹　　　　　　　　图 2-38　直线运动指令示意图

（3）线性运动指令（MoveL）

线性运动指令也称直线运动指令。工具的 TCP 按照设定的姿态从起点匀速移动到目标位置点，TCP 运动路径是三维空间中 p10 点到 p20 点的直线运动，如图 2-38 所示。直线运动的起始点是前一运动指令的示教点，结束点是当前指令的示教点，运动特点是运动路径可预见；在指定的坐标系中实现插补运动；机器人以线性方式运动至目标点，当前点与目标点两点决定一条直线，机器人运动状态可控，运动路径保持唯一，可能出现死点，常用于机器人在工作状态下移动。

1）标准指令格式

```
MoveL[\Conc,]ToPoint,Speed[\V] [\T],Zone[\Z] [\Inpos],Tool[\Wobj] [\Corr];
```

指令格式说明：

① [\Conc,]：协作运动开关。

② ToPoint：目标点，默认为 *，也可进行定义。

③ Speed：运行速度数据。

④ [\V]：特殊运行速度，单位为 mm/s。

⑤ [\T]：运行时间控制，单位为 s。

⑥ Zone：运行转角数据。图 2-39 所示为 Zone 取不同数值时 TCP 点运行的轨迹。Zone 指机器人 TCP 不到达目标点，而是在距目标点一定距离（通过编程确定，如 z10）处圆滑绕过目标点，即圆滑过渡，如图 2-39 中的 p1 点。fine 指机器人 TCP 到达目标点（见图 2-39 中的 p2 点），在目标点速度降为零。机器人动

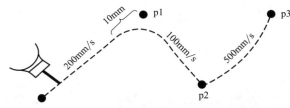

图 2-39　不同转弯半径时 TCP 轨迹示意图

作有停顿，焊接编程结束时，必须用 fine 参数。

⑦ [\Z]：特殊运行转角，单位为 mm。

⑧ [\Inpos]：运行停止点数据。

⑨ Tool：工具中心点（TCP）。根据机器人使用工具的不同，选择合适的工具坐标系。机器人示教时，要首先确定好工具坐标系。

⑩ [\Wobj]：工件坐标系。

⑪ [\Corr]：修正目标点开关。

例如：

```
MoveL p1,v2000,fine,grip1;
```

```
MoveL\Conc,p1,v2000,fine,grip1;
MoveL p1,v2000\V:=2200,z40\z:45,grip1;
MoveL p1,v2000,z40,grip1\Wobj:=wobjTable;
MoveL p1,v2000,fine\ Inpos:=inpos50,grip1;
MoveL p1,v2000,z40,grip1\corr;
```

2）常用指令格式

MoveJ 直线运动指令的常用格式如图 2-40 所示。

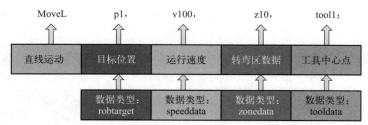

图 2-40　直线运动指令（MoveL）示意图

在图 2-40 中，MoveL 表示直线运动指令；p1 表示一个空间点，即直线运动的目标位置；v100 表示机器人运行速度为 100mm/s；z10 表示转弯半径为 10mm；tool1 表示选定的工具坐标系。

（4）圆弧运动指令（MoveC）

圆弧运动指令也称为圆弧插补运动指令。三点确定唯一圆弧，因此，圆弧运动需要示教 3 个圆弧运动点：起始点 p1 是上一条运动指令的末端点，p2 是中间辅助点，p3 是圆弧终点，如图 2-41 所示。机器人通过中心点以圆弧移动方式运动至目标点，当前点、中间点与目标点三点决定一段圆弧，机器人运动状态可控，运动路径保持唯一，MoveC 常用于机器人在工作状态下移动。

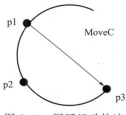

图 2-41　圆弧运动轨迹

1）标准指令格式

MoveC[\ Conc,] CirPoint, ToPoint, Speed [\ V] [\ T], Zone [\ Z] [\ Inpos], Tool [\ Wobj][\Corr];

指令格式说明：

① [\ Conc,]：协作运动开关。

② CirPoint：中间点默认为 * 。

③ ToPoint：目标点默认为 * 。

④ Speed：运行速度数据。

⑤ [\ V]：特殊运行速度，单位为 mm/s。

⑥ [\ T]：运行时间控制，单位为 s。

⑦ Zone：运行转角数据。

⑧ [\ Z]：特殊运行转角，单位为 mm。

⑨ [\ Inpos]：运行停止点数据。

⑩ Tool：工具中心点（TCP）。

⑪ [\ Wobj]：工件坐标系。

⑫ [\ Corr]：修正目标点开关。

例如：

```
MoveC p1,p2,v2000,fine,grip1;
MoveC \Conc,p1,p2,v200,\V:=500,z1\zz:=5,grip1;
MoveC p1,p2,v2000,z40,grip1\Wobj:=wobjTable;
MoveC p1,p2,v2000,fine\ Inpos:=50,grip1;
MoveC p1,p2,v2000,fine,grip1\corr;
```

2）常用指令格式

MoveC 圆弧运动指令的说明如图 2-42 所示。

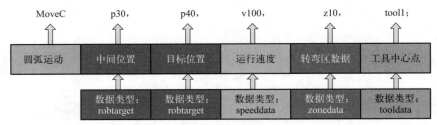

图 2-42　圆弧运动指令示意图

在图 2-42 中，MoveC 表示圆弧运动指令；p30 表示中间空间点；p40 为目标空间点；v100 表示机器人运行速度为 100mm/s；z10 表示转弯半径为 10mm；tool1 表示选定的工具坐标系。

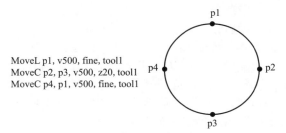

```
MoveL p1, v500, fine, tool1
MoveC p2, p3, v500, z20, tool1
MoveC p4, p1, v500, fine, tool1
```

图 2-43　MoveC 指令的限制

3）限制

不可能通过一个 MoveC 指令完成一个圆，如图 2-43 所示。

4）Singarea

位置调整指令。可选变量 Wrist：允许改变工具的姿态；Off：不允许改变工具姿态。

注意：只对 MoveL 和 MoveC 有效。

实例：

```
Singarea Wrist
MoveL...
MoveC...
Singarea Off
```

2.4.2　FUNCTION 功能

（1）Offs：工件坐标系偏移功能

以选定的目标点为基准，沿着选定工件坐标系的 X、Y、Z 轴方向偏移一定的距离，格式如下。

例如：

```
MoveL Offs(p10,0,0,10),v1000,z50,tool0\Wobj:=wobj1;
```

将机器人 TCP 移动至以 p10 为基准点，沿着 wobj1 的 Z 轴正方向偏移 10mm 的位置。

（2）RelTool：工具坐标系偏移功能

RelTool 同样为偏移指令，而且可以设置角度偏移，但其参考的坐标系为工具坐标系，如：

```
MoveL RelTool(p10,0,0,10\Rx:=0\Ry:=0\Rz=45),v1000,z50,tool1;
```

则机器人 TCP 移动至以 p10 为基准点，沿着 tool1 坐标系 Z 轴正方向偏移 10mm 的位置，且 TCP 沿着 tool1 坐标系 Z 轴旋转 45°。

2.4.3　简单运算指令

（1）赋值指令

"：="赋值指令用于对程序数据进行赋值，所赋值可以是一个常量或数学表达式。

例如，常量赋值：

reg1：=5；

数学表达式赋值：

reg2：=reg1+4；

（2）相加指令 Add

格式：Add 表达式 1，表达式 2；

作用：将表达式 1 与表达式 2 的值相加后赋值给表达式 1，相当于赋值指令。即：

表达式 1：=表达式 1+表达式 2；

例如：

"Add reg1，3；"等价于"reg1：=reg1+3；"；

"Add reg1，-reg2；"等价于"reg1：=reg1-reg2；"。

（3）自增指令 Incr

格式：Incr 表达式 1；

作用：将表达式 1 的值自增 1 后赋给表达式 1。即：

表达式 1：=表达式 1+1；

例如：

"Incr reg1；"等价于"reg1：=reg1+1；"。

（4）自减指令 Decr

格式：Decr 表达式 1；

作用：将表达式 1 的值自减 1 后赋值给表达式 1。即：

表达式 1：=表达式-1；

例如：

"Decr reg1；"等价于"reg1：=reg1-1；"。

（5）清零指令 Clear

格式：Clear 表达式 1；

作用：将表达式 1 的值清零。即：

表达式 1：＝0；

例如：

"Clear reg1;" 等价于 "reg1：＝0;;"。

（6）Abs：取绝对值

"Abs" 函数的作用是取绝对值并反馈一个参变量。如对操作数 reg5 进行取绝对值的操作，然后将结果赋予 reg1。

2.4.4 常用 I/O 指令

I/O 控制指令用于控制 I/O 信号，以达到与机器人周边设备进行通信的目的。

（1）Set 指令

Set 指令是将数字输出信号置为 1。

例如：

```
Set Do1;
```

含义：将数字输出信号 Do1 置为 1。

（2）Reset 指令

Reset 指令是将数字输出信号置为 0。

例如：

```
Reset Do1;
```

含义：将数字输出信号 Do1 置为 0。

如果在 Set、Reset 指令前有运动指令 MoveJ、MoveL、MoveC、MoveAbsj 的转变区数据，必须使用 fine 才可以准确到达目标点后输出 I/O 信号状态的变化。

2.4.5 等待指令

（1）WaitTime 指令

WaitTime 是指等待指定时间（单位：秒）。

例如：

```
WaitTime 0.8;
```

含义：程序运行到此处暂时停止 0.8s 后继续执行。

（2）WaitUntil 指令

指令作用：等待至条件成立，并可设置最大等待时间以及超时标识。

应用举例：WaitUntil reg1＝5\MaxTime:＝6\TimeFlag:＝bool1;

执行结果：等待数值型数据 reg1 变为 5，最大等待时间为 6s，若超时则 bool1 被赋值为 TRUE，程序继续执行下一条指令；若不设最大等待时间，则指令一直等待直至条件成立。

WaitUntil 信号判断指令，可用于布尔量、数字量和 I/O 信号值的判断，如果到达指令中的设定值，程序继续往下执行，否则就一直等待，除非设定了最大等待时间。

（3）WaitDI 指令

WaitDI 指令的功能是等待直至一个输入信号状态为设定值。

例如：

```
WaitDI Di1,1;
```

含义：等待数字输入信号 Di1 为 1，之后才执行后面的命令。

也可设置最大等待时间以及超时标识。

应用举例：`WaitDI di1,1\MaxTime:=5\TimeFlag:=bool1;`

执行结果：等待数字输入信号 di1 变为 1，最大等待时间为 5s，若超时则 bool1 被赋值为 TRUE，程序继续执行下一条指令；若不设最大等待时间，则指令一直等待直至信号变为指定数值。

"WaitDI Di1，1;" 等同于 "WaitUntil Di1=1;"。另外，WaitUntil 应用更为广泛，其等待直至后面条件为 TRUE 才继续执行，如：

```
WaitUntil bRead=False;
WaitUntil num1=1;
```

（4）WaitDO 指令

WaitDO 数字输出信号判断指令用于判断数字输出信号的值是否与目标一致。

指令格式为：

```
WaitDO do1,1;
```

执行此指令时，等待直至 do1 的值为 1。如果 do1 为 1，则程序继续往下执行；如果到达最大等待时间（如 300s，此时间可根据实际进行设定）以后，do1 的值还不为 1，则机器人报警或运行出错处理程序。

2.4.6　常用逻辑控制指令

（1）IF 指令

IF 指令的功能是满足不同条件，执行对应程序。

例如：

```
IF reg1>5 THEN
Set do1;
ENDIF
```

含义：如果 reg1>5 条件满足，则执行 Set do1 指令。

IF 条件判断指令，就是根据不同的条件去执行不同的指令。条件判定的条件数量可以根据实际情况进行增加与减少。如图 2-44 所示，如果 num1 为 1，则 flag1 会赋值为 TRUE；如果 num1 为 2，则 flag1 会赋值为 FALSE；若以上两种条件都不满足，则执行 do1 置位为 1。

（2）Compact IF 指令

Compact IF，即紧凑型条件判断指令，用于当一个条件满足了以后，就执行一句指令。

指令格式：

```
Compact IF flag1=TRUE Set do1;
```

含义：如果 flag1 的状态为 TRUE，则 do1 被置位为 1。

（3）FOR 指令

FOR 指令的功能是根据指定的次数，重复执行对应程序。

例如：

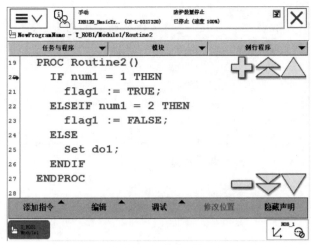

图 2-44　条件判断指令

```
FOR i FORM 1 TO 10 DO
routine1;
ENDFOR
```

含义：重复执行 10 次 routine1 里的程序。

FOR 指令后面跟的是循环计数值，其不用在程序数据中定义，每运行一遍 FOR 循环中的指令后会自动执行加 1 操作。

（4）WHILE 指令

WHILE 指令的功能是如果条件满足，则重复执行对应程序。

例如：

```
WHILE reg1<reg2 DO
reg1:=reg1+1;
END WHILE
```

含义：如果变量 reg1<reg2 一直成立，则重复执行 reg1 加 1，直至 reg1<reg2 条件不成立为止。

（5）TEST 指令

TEST 指令的功能是根据指定变量的判断结果，执行对应程序。TEST 指令传递的变量用作开关，根据变量值不同跳转到预定义的 CASE 指令，达到执行不同程序的目的。如果未找到预定义的 CASE，会跳转到 DEFAULT 段（事先已定义）。

例如：

```
TEST  reg1
CASE  1;
routine1;
CASE  2;
routine2;
DEFAULT;
Stop;
ENDTEST
```

含义：判断 reg1 数值，若为 1 则执行 routine1；若为 2 则执行 routine2；否则执行 Stop。
在 CASE 中，若多种条件下执行同一操作，则可合并在同一 CASE 中：

```
TEST  reg1
CASE  1,2,3;
    routine1;
CASE  4;
    routine2;
DEFAULT;
    Stop;
ENDTEST
```

(6) GOTO 指令

GOTO 指令用于跳转到例行程序内标签的位置，配合 Label 指令（跳转标签）使用。
在如下的 GOTO 指令应用实例中，执行 Routine1 程序过程中，当判断条件 di1＝1 时，程序
指针会跳转到带跳转标签 rHome 的位置，开始执行 Routine2 的程序。

```
MODULE Module1
PROC ROUtine1()
rHome:    跳转标签 Label 的位置
ROHtine2;
IF di1＝1 THEN
GOTO rHome;
ENDIF
ENDPROC
PROC Routine2()
MoveJ p10,V1000,  z50,  tool0;
ENDPROC
ENDMODULE
```

(7) 调用指令

ProcCall：调用例行程序指令。

RETURN：返回例行程序指令。当此指令被执行时，则马上结束本例行程序的执行，
返回程序指针到调用此例行程序的位置。

2.5　中断与数组

2.5.1　中断指令

执行程序时，如果发生紧急情况，机器人需要暂停执行原程序，转而跳到专门的程序中
对紧急情况进行处理，处理完成后再返回到原程序暂停的地方继续执行。这种专门处理紧急
情况的程序就是中断程序（TRAP），常用于出错处理、外部信号响应等实时响应要求较高
的场合。

触发中断的指令只需要执行一次，一般在初始化程序中添加中断指令。

下面介绍几个常用的中断指令。

（1）IsignalDI：触发中断指令

格式：IsignalDI 信号名，信号值，中断标识符；

功能：启用时，中断程序被触发一次后失效；不启用时，中断功能持续有效，只有在程序重置或运行 IDelete 后才失效。

实例：

```
Main
Connect i 1 with zhong duan;
IsignalDI di1,1,i1;
……
IDelete i1;
```

（2）IDelete：取消中断链接指令

功能：将中断标识符与中断程序的链接解除。如果需要再次使用该中断标识符，需要重新用 Connect 链接，因此，要把 Connect 写在前面。

注意：在以下情况下，中断链接将自动清除。

① 重新载入新的程序；

② 程序被重置，即程序指针回到 main 程序的第一行；

③ 程序指针被移到任意一个例行程序的第一行。

（3）ITimer：定时中断指令

格式：ITimer \ single 定时时间，中断标识符；

功能：定时触发中断。single 是中断可选变量，用法和前述相同。

实例：

```
Connect i1 with zhongduan;
ITimer 3 i1:13s 之后触发 i1
```

（4）ISleep：中断睡眠指令

格式：ISleep 中断标识符；

功能：使中断标识符暂时失效，直到 IWatch 指令恢复。

（5）IWatch：激活中断指令

格式：IWatch 中断标识符；

功能：将已经失效的中断标识符激活，与 ISleep 搭配使用。

实例：

```
Connect i1 with zhongduan;
    IsignalDI di1,1,i1;
    …（中断有效）
    ISleep i1;
    …（中断失效）
    IWatch i1;
    …（中断有效）
```

（6）IDisable：关闭中断指令

格式：IDisable；

功能：使中断功能暂时关闭，直到执行 IEnable 才进入中断处理程序。该指令用于机器人正在执行指令，不希望被打断的操作期间。

（7）IEnable：打开中断

格式：IEnable；

功能：将被 IDisabel 关闭的中断打开

实例：

```
IDisable(暂时关闭所有中断)
…(所有中断失效)
IEnable(将所有中断打开)
…(所有中断恢复有效)
```

2.5.2　数组的使用方法

在定义程序数据时，可以将同种类型、同种用途的数值存放在同一数据中，当调用该数据时需要写明索引号来指定调用的是该数据中的哪个数值，这就是所谓的数组。在 RAPID 中，可以定义一维数组、二维数组以及三维数组。多数类型的程序数据均是组合型数据，即里面包含了多项数值或字符串。可以对其中的任何一项参数进行赋值。

例如，一维数组：

```
VAR num num1{3}:＝[5,7,9];
! 定义一维数组 num1
num2:＝num1{2};
! num2 被赋值为 7
```

例如，二维数组：

```
VAR num num1{3,4}:＝[1,2,3,4][5,6,7,8][9,10,11,12];
! 定义一维数组 num1
num2:＝num1{3,2};
! num2 被赋值为 10
```

常见的目标点数据：

```
PERS  robtarget
p10:＝[[0,0,0],[1,0,0,0],[0,0,0,0],[9E9,9E9,9E9,9E9,9E9,9E9]];
PERS  robtarget
p20:＝[[100,0,0],[0,0,1,0],[1,0,1,0],[9E9,9E9,9E9,9E9,9E9,9E9]];
```

目标点数据里面包含了四组数据，从前往后依次为 TCP 位置数据［100，0，0］（trans）、TCP 状态数据［0，0，1，0］（rot）、轴配置数据［1，0，1，0］（robconf）和外部轴数据（extax），可以分别对该数据的各项数值进行操作，如：

```
p10.trans.x:＝p20.trans.x＋50;
p10.trans.y:＝p20.trans.y－50;
p10.trans.z:＝p20.trans.z＋100;
p10.rot:＝p20.rot;
p10.robconf:＝p20.robconf;
```

赋值后 p10 为：

```
PERS  robtarget
p10:=[[150,-50,100],[0,0,1,0],[1,0,1,0],[9E9,9E9,9E9,9E9,9E9,9E9]];
```

在程序编写过程中，若需要调用大量的同种类型、同种用途的数据，则在创建数据时可以利用数组来存放这些数据，这样便于在编程过程中对其进行灵活调用。甚至在大量 I/O 信号调用过程中，也可以先将 I/O 信号进行别名操作，即将 I/O 信号与信号数据关联起来，之后将这些信号数据定义为数组类型，在程序编写中便于对同种类型、同种用途的信号进行调用。

第3章

工业机器人通信与工业机器人视觉

3.1　工业机器人与 PLC 的通信

工业机器人的控制可分为两大部分：一部分是对其自身运动的控制；另一部分是工业机器人与周边设备的协调控制。要实现这样的控制，除工业机器人控制器外，有时还需要 PLC 通过工业机器人与其进行通信来完成。如图 3-1 所示，不同的工业机器人，其控制器是不同的，即便是相同的控制器与不同的 PLC 通信也是有区别的，但实现起来大同小异，现以 ABB 工业机器人与 SIEMENS 的 PLC 通信为例予以介绍。

(a) ABB工业机器人控制器　　　(b) KUKA工业机器人控制器　　　(c) FANUC工业机　　(d) 安川工业机
　　　　　　　　　　　　　　　　　　　　　　　　　　　　　器人控制器　　　器人控制器

图 3-1　工业机器人控制系统

比如 IRC5 为 ABB 所推出的第五代机器人控制器。该控制器采用模块化设计概念，配备符合人机工程学的全新 Windows 界面装置，并通过 MultiMove 功能实现多台（多达 4台）机器人的完全同步控制，能够通过一台控制器控制多达 4 台机器人和总计 36 个轴；在单机器人工作站中，所有模块均可叠放在一起（过程模块也可叠放在紧凑型控制器机箱上），也可并排摆放；若采用分布式配置，模块间距可达 75m（驱动模块与机械臂之间的距离应在 50m 以内），实现了最大灵活性。IRC5 控制柜目前有四款不同类型的产品，如图 3-2所示。

3.1.1　ABB 机器人控制器的组成

ABB 机器人控制器的组成如图 3-3 所示，A 为与 PC 通信的接口，B 为现场总线接口，

C 为 ABB 标准 I/O 板。

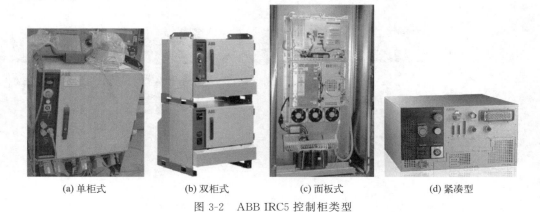

　(a) 单柜式　　　　　　 (b) 双柜式　　　　　　 (c) 面板式　　　　　　 (d) 紧凑型

图 3-2　ABB IRC5 控制柜类型

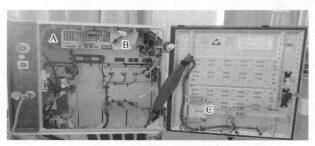

图 3-3　ABB 机器人控制器的组成

IRC5 Compact Controller 由控制器系统部件（如图 3-4 所示）、I/O 系统部件［如图 3-5 (a)所示］、主计算机 DSQC 639 部件［如图 3-5(b)所示］及其他部件组成（如图 3-6 所示）。

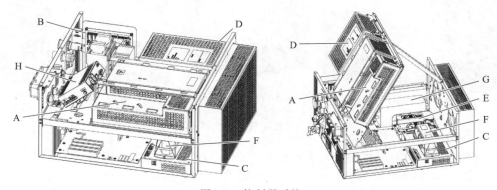

图 3-4　控制器系统

A—主驱动装置，MDU-430C（DSQC 431）；B—安全台（DSQC 400）；C—轴计算机（DSQC 668）；D—系统电源 (DSQC 661)；E—配电板（DSQC 662）；F—备用能源组（DSQC 665）；G—线性过滤器；H—远程服务箱（DSQC 680）

（1）主计算机单元

主计算机简称主机，用于存放系统软件和数据，如图 3-7、图 3-8 所示。主机需要电源模块提供 24V 直流电，主机插有主机启动用的 CF 卡。

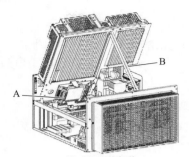

(a) I/O系统部件

A—数字24V I/O(DSQC 652)；B—支架

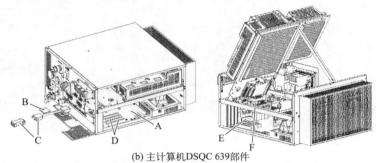

(b) 主计算机DSQC 639部件

图 3-5　I/O 系统部件与主计算机 DSQC 639 部件

A—主计算机［DSQC 639，该备件是主计算机装置。从主计算机装置卸除主机板（其外壳不可与 IRC5 Compact 搭配使用）］；

B—Compact 1GB 闪存（DSQC 656 1GB）；C—RS-232/422 转换器（DSQC 615）；D—槽，可根据不同需要，安装以下三

个不同的板：单 DeviceNet M/S（DSQC 658）；双 DeviceNet M/S（DSQC 659），Profibus-DP 适配器（DSQC 687）；

E—槽，可根据不同需要，安装以下三个不同的板：Profibus 现场总线适配器（DSQC 667），

EtherNet/IP 从站（DSQC 669），Profinet 现场总线适配器（DSQC 688）；

F—DeviceNet Lean 板（DSQC 572）

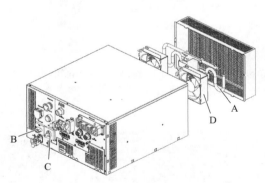

图 3-6　其他部件

A—制动电阻泄流器；B—操作开关；C—凸轮开关；D—带插座的风扇

图 3-7　主机的连接

图 3-8　主机外观

（2）轴计算机板

主计算机发出控制指令后，首先给轴计算机板，如图 3-9、图 3-10 所示。轴计算机板处理后再将指令传递给驱动单元，同时轴计算机板还处理串口测量板 SMB 传递的分解器信号。

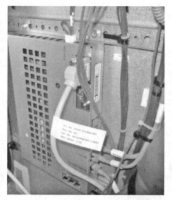

图 3-9 轴计算机板的连接

图 3-10 轴计算机板

（3）机器人六轴的驱动单元

驱动单元将变压器提供的三相交流电整流成直流电，再将直流电逆变成交流电，驱动电动机，控制机器人各个关节运动，如图 3-11 所示。

（4）示教器和控制柜操作面板

示教器和控制柜操作面板用于进行手动操纵、调试机器人运动。控制柜操作面板有电源总开关、急停开关、电动机通电/复位白色按钮、机器人状态转换开关。按下白色电动机通电/复位按钮，开启电动机。机器人处于急停状态，松开急停按钮后，按下白色电动机通电/复位按钮，机器人恢复正常状态。

（5）串口测量板

串口测量板（SMB）将伺服电动机的分解器的位置信息进行处理和保存。电池（10.8V和 7.2V 两种规格）在控制柜断电的情况下，可以保持相关的数据，具有断电保持功能，如图 3-12～图 3-14 所示。

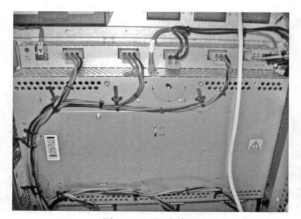

图 3-11 驱动单元

图 3-12 串口测量板位置

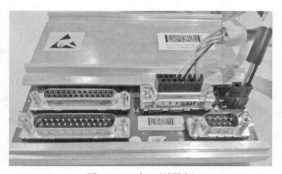

图 3-13　串口测量板

图 3-14　串口测量板连接

（6）系统电源模块

将 230V 交流电整流成直流 24V，给主计算机、示教器等系统组件提供直流 24V 电源，如图 3-15、图 3-16 所示。

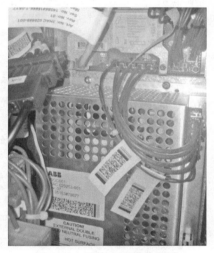

图 3-15　系统电源模块连接

图 3-16　系统电源模块

（7）电源分配板

电源分配板将系统电源模块的 24V 电源分配给各个组件，如图 3-17、图 3-18 所示。

图 3-17　电源分配板连接

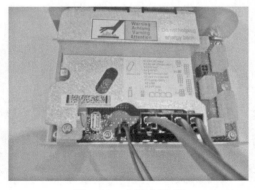

图 3-18　电源分配板

X1：24V DC input（直流 24V 输入）。

X2：AC OK in/temp OK in（交流电源和温度正常）。

X3：24V sys（给驱动单元供电）。

X4：24V I/O（给外部 PLC 或 I/O 单元供电）。

X5：24V brake/cool（给接触器板供电）。

X6：24V Pc/sys/cool（其中，Pc 给主计算机供电，sys/cool 给安全板供电）。

X7：Energy bank（给电容单元供电）。

X8：USB（和主计算机的 USB2 通信）。

X9：24V cool（给风扇单元供电）。

（8）电容单元

电容单元用于机器人关闭电源后，持续给主计算机供电，保存数据后再断电，如图 3-19 所示。

（9）接触器板

如图 3-20 所示，接触器板上的 K42、K43 接触器吸合，给驱动器提供三相交流电源。K44 接触器吸合，给电动机抱闸线圈提供 24V 电源，电动机可以旋转，机器人的各关节可以移动。

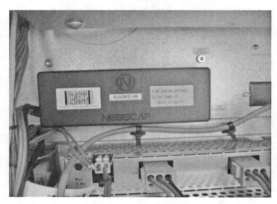

图 3-19　电容单元

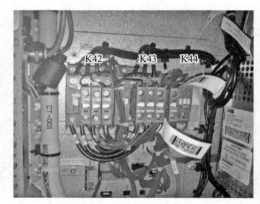

图 3-20　接触器板

（10）安全板

安全板控制总停（GS1、GS2）、自动停（AS1、AS2）、优先停（SS1、SS2）等，如图 3-21 所示。

（11）控制柜变压器

变压器将输入的三相 380V 的交流电源变压成三相 480V（或 262V）交流电源，以及单相 230V 交流电源、单相 115V 交流电源，如图 3-22 所示。

（12）泄流电阻

泄流电阻将机器人的多余的能量转换成热能释放掉，如图 3-23 所示。

（13）用户供电模块

用户供电模块可以给外部继电器、电磁阀提供直流 24V 电源，如图 3-24 所示。

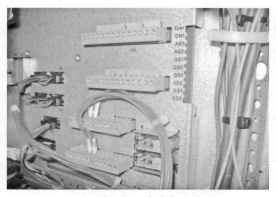

图 3-21　安全板

图 3-22　变压器

图 3-23　泄流电阻

图 3-24　用户供电模块

（14）I/O 单元模块

ABB 的标准 I/O 板提供的常用信号有数字输入（di）、数字输出（do）、模拟输入（ai）、模拟输出（ao）以及输送链跟踪等功能，如图 3-25 所示。

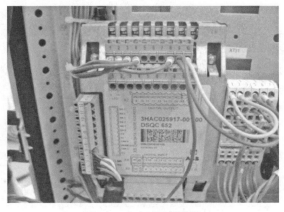

图 3-25　I/O 单元模块

（15）控制柜整体连接图

ABB 控制柜的整体连接图如图 3-26 所示。

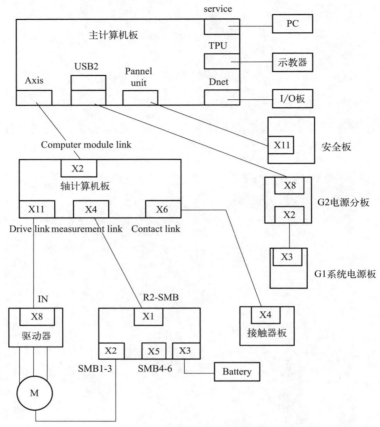

图 3-26 控制柜整体连接图

3.1.2 ABB 机器人与西门子 PLC 的 Profinet 通信

Profinet 是 Process Field Net 的简称。Profinet 基于工业以太网技术，使用 TCP/IP 和 IT 标准，是一种实时以太网技术，基于设备名字寻址（也就是说，需要给设备分配名字和 IP 地址）。

（1）ABB 工业机器人的选项

1）888-2 Profinet Controller/Device

该选项支持机器人同时作为 Controller/Device（控制器/设备），机器人不需要额外的硬件，可以直接使用控制器上的 LAN3 和 WAN 端口，如图 3-27 中的 X5 和 X6 端口。控制柜接口详细说明见表 3-1。

表 3-1 控制柜接口说明

标签	名称	作用
X2	Service Port	服务端口，IP 地址固定为 192.168.125.1，可以使用 RobotStudio 等软件连接
X3	LAN1	连接示教器
X4	LAN2	通常内部使用，如连接新的 I/O DSQC 1030 等

标签	名称	作用
X5	LAN3	可以配置为 Profinet/EtherNetIP/普通 TCP/IP 等通信端口
X6	WAN	可以配置为 Profinet/EtherNetIP/普通 TCP/IP 等通信端口
X7	PANEL UNIT	连接控制柜的安全板
X9	AXC	连接控制柜内的轴计算机

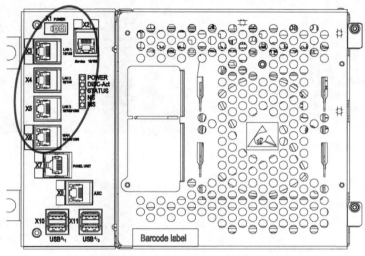

图 3-27　LAN3 和 WAN 端口

2）888-3 Profinet Device

该选项仅支持机器人作为 Device，机器人不需要额外的硬件。

3）840-3 Profinet Anybus Device

该选项仅支持机器人作为 Device，机器人需要额外的硬件 Profinet Anybus Device，如图 3-28 所示的 DSQC 688。

（2）ABB 机器人通过 DSQC 688 模块与 PLC 进行 Profinet 通信

ABB 机器人需要有 840-3 PROFINET Anybus Device 选项，才能作为设备通过 DSQC 688 模块进行 Profinet 通信，如图 3-29 所示。DSQC 688 模块与硬件连接如图 3-30、图 3-31 所示。

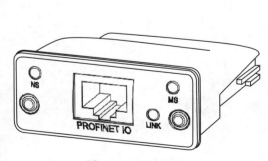

图 3-28　DSQC 688

图 3-29　840-3 Profinet Anybus Device 选项

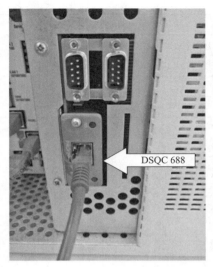
图 3-30　DSQC 688 模块

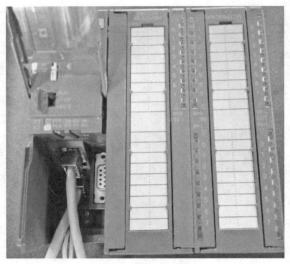
图 3-31　硬件连接

（3）ABB 机器人通过 WAN 和 LAN3 网口进行 Profinet 通信

ABB 机器人需要有 888-3 PROFINET Device 或者 888-2 PROFINET Controller/Device 选项，才能通过 WAN 和 LAN3 网口进行 Profinet 通信，如图 3-32、图 3-33 所示。

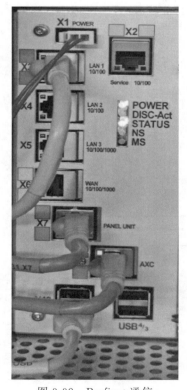
图 3-32　Profinet 通信

图 3-33　888-3 PROFINET Device 选项

1）ABB 机器人通过 WAN 和 LAN3 网口进行 Profinet 通信的配置

ABB 机器人通过 WAN 和 LAN3 网口进行 Profinet 通信配置的步骤如表 3-2 所示。

表 3-2　ABB 机器人通过 WAN 和 LAN3 网口进行 Profinet 通信配置

步骤序号	操作	图示
1	单击 ABB 主菜单，选择"控制面板"	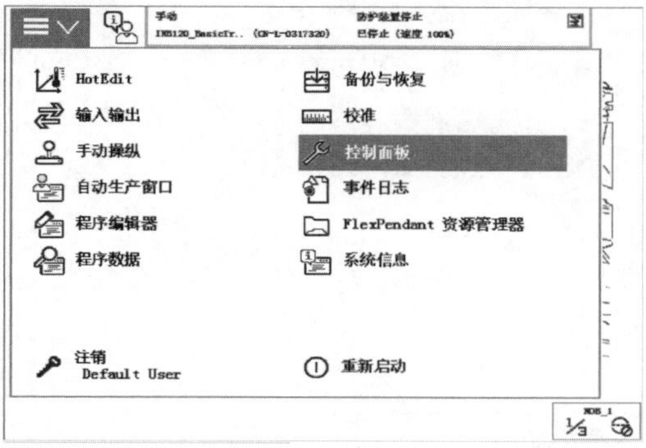
2	单击"配置"	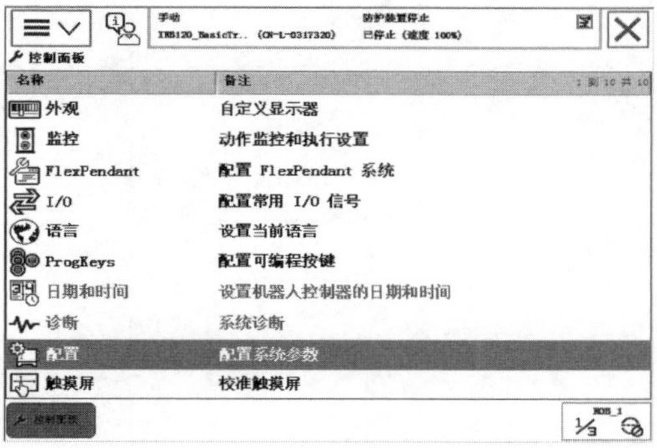
3	单击"主题"，选择"Communication"	
4	选择"IP Setting"	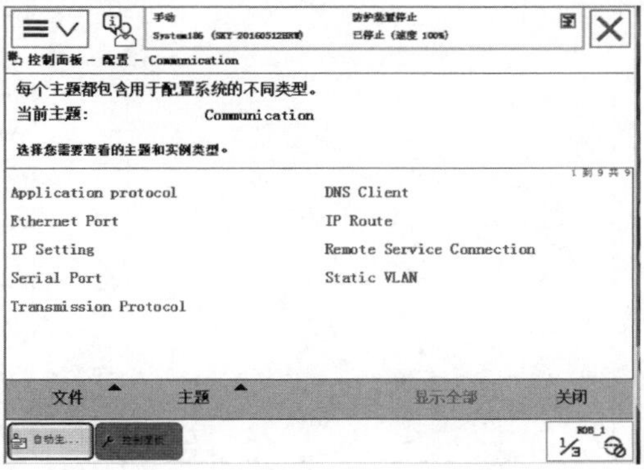

步骤序号	操作	图示
5	单击"PROFINET Network"	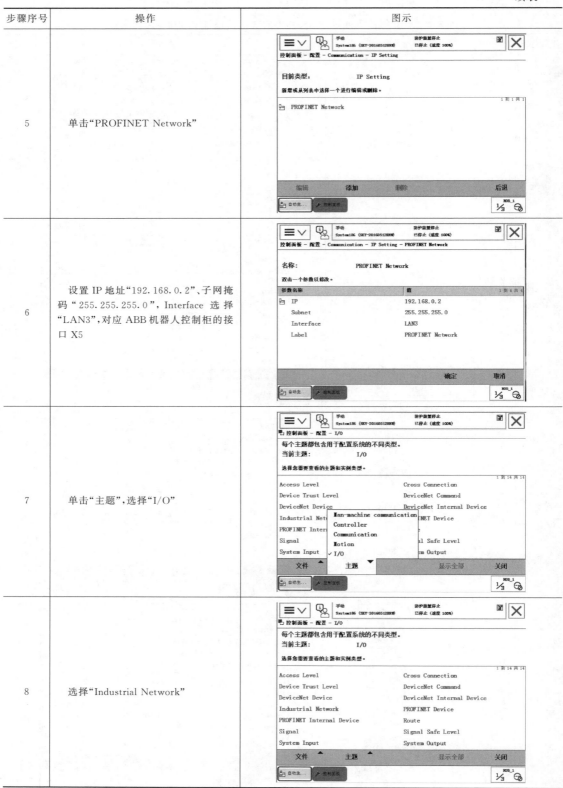
6	设置 IP 地址"192.168.0.2"、子网掩码"255.255.255.0"，Interface 选择"LAN3"，对应 ABB 机器人控制柜的接口 X5	
7	单击"主题"，选择"I/O"	
8	选择"Industrial Network"	

续表

步骤序号	操作	图示
9	选择"PROFINET"	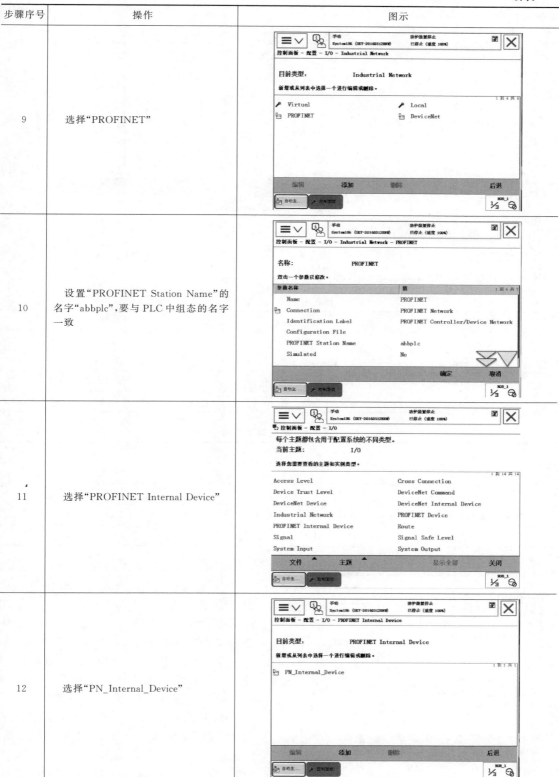
10	设置"PROFINET Station Name"的名字"abbplc"，要与 PLC 中组态的名字一致	
11	选择"PROFINET Internal Device"	
12	选择"PN_Internal_Device"	

步骤序号	操作	图示
13	选择"InputSize""OutputSize",设置需要的输入输出字节数,需要与PLC的一致,本例为8字节	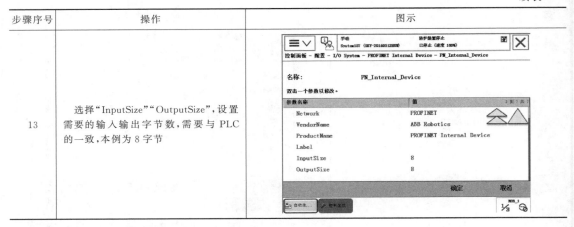

2）创建 Profinet 的 I/O 信号

根据需要创建 ABB 机器人的输入、输出信号，表 3-3 定义了一个输入信号 di0，表 3-4 定义了一个输出信号 do0。

表 3-3　定义输入信号

参数名称	设定值	说明
Name	di0	信号名称
Type of Signal	Digital Input	信号类型（数字输入信号）
Assigned to Device	PN_Internal_Device	分配的设备
Device Mapping	0	信号地址

表 3-4　定义输出信号

参数名称	设定值	说明
Name	do0	信号名称
Type of Signal	Digital Output	信号类型（数字输出信号）
Assigned to Device	PN_Internal_Device	分配的设备
Device Mapping	0	信号地址

图 3-34　双击"Signal"

创建 Profinet 的 I/O 信号步骤如下：

① 输入信号 di0：双击"Signal"，单击"添加"，输入"di0"，双击"Type of Signal"并选择"Digital Input"，需要注意的是"Assigned to Device"中选择"PN_Internal_Device"，"Device Mapping"设为 0，如图 3-34～图 3-36 所示。可以继续设置输入信号 di1～di63。

② 输出信号 do0：双击"Signal"，单击"添加"，输入"do0"，双击"Type of Signal"并选择"Digital Output"，需要注意的是"Assigned to Device"中选择

"PN_Internal_Device"，"Device Mapping"设为 0，如图 3-37 所示。可以继续设置输入信号 do1～do63。

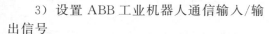

图 3-35　单击"添加"

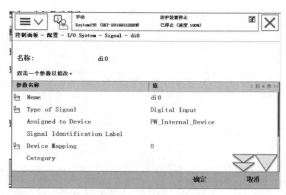

图 3-36　定义 di0

3）设置 ABB 工业机器人通信输入/输出信号

PLC 配置设置后，选择"设备视图"，选择"目录"下的"DI 8 bytes"，即输入 8 个字节，包含 64 个输入信号，与 ABB 机器人示教器设置的输出信号 do0～do63 对应。选择"目录"下的"DO 8 bytes"，即输出 8 个字节，包含 64 个输出信号，与 ABB 机器人示教器设置的输入信号 di0～di63 对应。

4）建立 PLC 与 ABB 机器人 Profinet 通信

图 3-37　定义 do0

用鼠标点住 PLC 的绿色 Profinet 通信口，拖至"IRC5 PNIO-Device"绿色 Profinet 通信口上，即建立起 PLC 和 ABB 机器人之间的 Profinet 通信连接，如图 3-38 所示。表 3-5 中机器人输出信号和 PLC 输入信号地址等效，机器人输入信号地址和 PLC 输出信号地址等效。例如 ABB 机器人中 Device Mapping 为 0 的输出信号 do0 和 PLC 中的 I256.0 信号等效，Device Mapping 中为 0 的输入信号 di0 和 PLC 中的 Q256.0 信号等效，所谓信号等效是指它们同时通断。

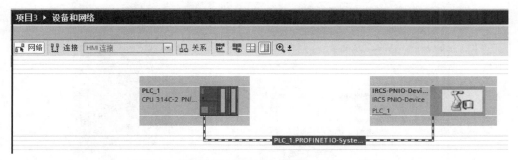

图 3-38　建立 PLC 与 ABB 机器人 Profinet 通信

表 3-5　机器人输出（入）信号和 PLC 输入（出）信号地址

机器人输出信号地址	PLC 输入信号地址	机器人输入信号地址	PLC 输出信号地址
0,…,7←→PIB256		0,…,7←→PQB256	
8,…,15←→PIB257		8,…,15←→PQB257	
16,…,23←→PIB258		16,…,23←→PQB258	
24,…,31←→PIB259		24,…,31←→PQB259	
32,…,39←→PIB260		32,…,39←→PQB260	
40,…,47←→PIB261		40,…,47←→PQB261	
48,…,55←→PIB262		48,…,55←→PQB262	
56,…,63←→PIB263		56,…,63←→PQB263	

注：表中"←→"表示信号双向传输。

3.1.3　WAN 网口同时使用 Socket 及 Profinet

Profinet 为基于以太网的总线，可以使用 WAN 口；现场如果要使用 Socket，让 PC 与机器人通信，也可使用 WAN 口，并且可以使用同一 WAN 口完成，IP 相同。

要使用 Socket 通信，需要有 616-1 PC Interface 选项；使用 Profinet 功能，需要有 888-2 PROFINET Controller/Device 或者 888-3 PROFINET Device 选项。Robotstudio 连接上机器人，控制器 tab 下点击如图 3-39 所示，找到网络设置。

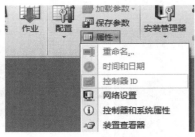

图 3-39　网络设置

图 3-40　设置 IP

根据需要设置 IP 如图 3-40 所示，设置的 IP 为 WAN 口 IP，用于 Socket 通信；设置 Profinet，配置控制面板，如图 3-41 所示，主题选择 Communication；进入 IP Setting，点击 PROFINET Network，如图 3-42 所示；修改 IP 并选择对应网口为 WAN，如图 3-43 所

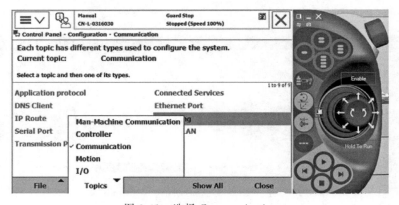

图 3-41　选择 Communication

示，此处的 IP 与之前配置的系统 IP 相同；重启后，配置控制面板，如图 3-44 所示，主题 I/O，点击 PROFINET Internal Device；配置输入输出字节数和 PLC 设置一致，如图 3-45 所示；配置界面下，进入 Industrial Network，如图 3-46 所示；设置 Station 名字，如图 3-47 所示，这个名字要和 PLC 端对机器人的 Station 设置一样；添加 Signal，Device 选择 PROFINET Internal Device；将 WAN 口网线插入交换机，PLC 与 PC 各自设置 IP 后插入交换机，即可同时使用 Socket 通信与 Profinet。

图 3-42　点击 PROFINET Network

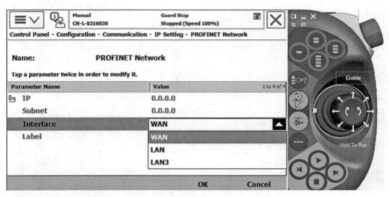

图 3-43　修改 IP

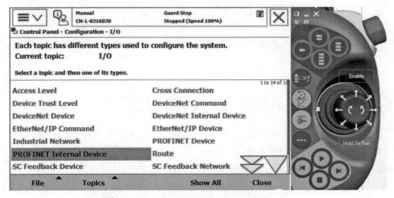

图 3-44　PROFINET Internal Device

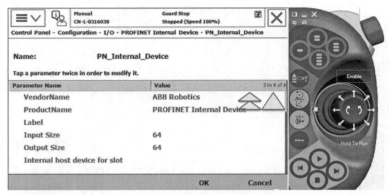

图 3-45　配置输入输出字节数

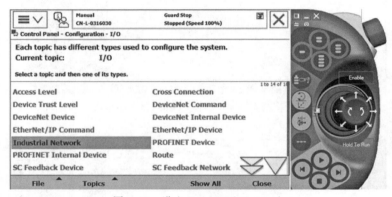

图 3-46　进入 Industrial Network

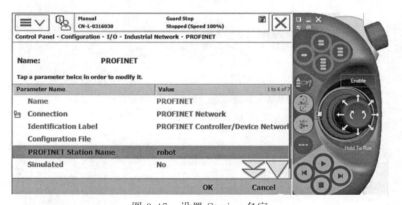

图 3-47　设置 Station 名字

3.1.4　2台机器人 DEVICENET 通信配置

2台机器人，如果有多个信号要通信，除了 I/O 接线外，使用总线，诸如 PROFI-ENET、ETHERNETIP 等，但都需要购买选项。

大多数机器人都配置了 709-1 DEVICENET MASTER/SLAVE 选项；完成 2 台机器人接线和相应配置后，就可以通过 DEVICENET 通信。如果 2 台机器人都是 Compact 紧凑柜，则只需把两台机器人的 XS17 DeviceNet 上的 2、4 引脚互连（1 和 5 引脚为柜子供电，不需要互连），原有终端电阻保持（不要拿掉），如图 3-48 所示。Devicenet 回路上至少有一个终端电阻，或者链路两端各有一个终端电阻。紧凑柜本身只有一个终端电阻，故 2 台机器人连接后链路只有 2 个终端电阻，不需要拆除。

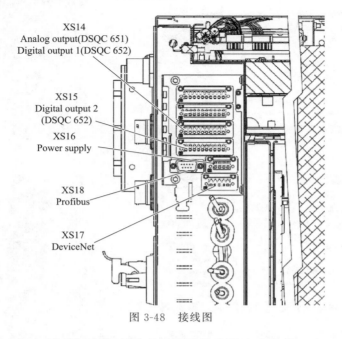

图 3-48 接线图

　　如果是 2 台标准柜，因为柜内本身就有 2 处终端电阻，在相应 DeviceNet 接线处把 2 台柜子的 DeviceNet 引脚 2 和 4 互连（引脚 1 和 5 用于供电，不需要互连），然后柜内各拆除一个终端电阻（保证整个链路上只有 2 个终端电阻）；打开作为 Slave 的机器人，选择控制面板→配置→I/O→Industrial Network→DeviceNet，设 Slave 的地址（默认为 2，如果 Master 为 2，Slave 不能为 2，可以修改，比如改为 3），如图 3-49 所示。选择控制面板→配置→I/O→DeviceNet Internal Device，设置输入输出字节数，如图 3-50 所示；建立信号，所属Device 为 DN_Internal_Device，如图 3-51 所示；打开作为 Master 的机器人，选择控制面板→配置→IO，设置 DeviceNet Device，如图 3-52 所示；添加选择模板，如图 3-53 所示；修改对应 Slave 的地址，如图 3-54 所示；建立信号，所属设备选择刚刚建立的 Slave 设备DN_Device，如图 3-55 所示；重启后即可。

　　Connection Type 要修改为 Polled（默认 COS，但 2 台机器人之间通信不支持），如图 3-56 所示。

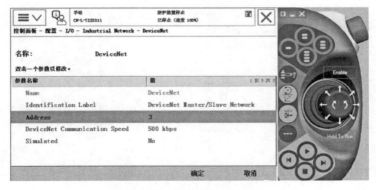

图 3-49 设置 Slave 地址

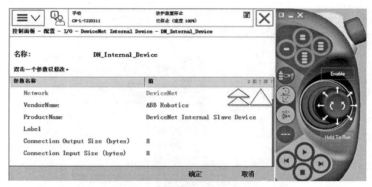

图 3-50　设置输入输出字节数

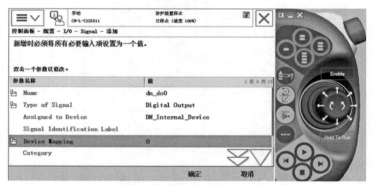

图 3-51　建立信号

图 3-52　设置 DeviceNet Device

图 3-53　添加选择模板

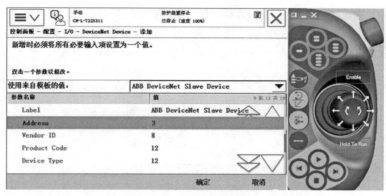

图 3-54　修改对应 Slave 的地址

图 3-55　选择设备

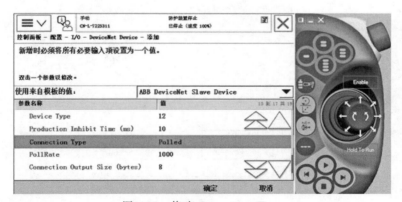

图 3-56　修改 Connection Type

3.2　工业机器人的视觉

3.2.1　视觉系统功能

如图 3-57 所示，视觉系统的功能是根据设备功能需求采用 CCD 相机，结合处理器对六自由度工业机器人抓取的物体进行视觉识别，并且把被识别的物体的颜色、形状、位置等特征信息发送给中央控制器和机器人控制器，控制器根据被识别的物体所具有的不同特征而执行不同的相对应动作，从而完成整个工作站流程。如图 3-58 所示，搬运机器人视觉传感系统可通过位置视觉伺服系统（图 3-59）与图像视觉伺服系统（图 3-60）来实现。

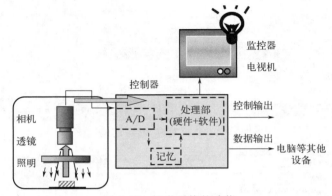

图 3-57　视觉系统的功能

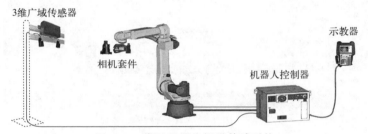

图 3-58　搬运机器人视觉传感系统

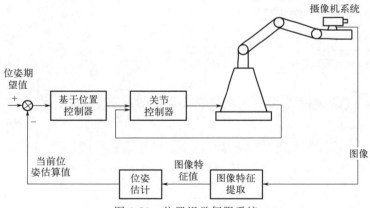

图 3-59　位置视觉伺服系统

机器人视觉系统的主要功能是模拟人眼视觉成像与人脑智能判断和决策功能，采用图像传感技术获取目标对象的信息，通过对图像信息的提取、处理和理解，最终用于机器人系统对目标实施测量、检测、识别与定位等任务，或用于机器人自身的伺服控制。

在工业应用领域，最具有代表性的机器人视觉系统就是机器人手眼系统。根据成像单元安装方式不同，机器人手眼系统分为两大类：固定成像眼看手系统（Eye-to-Hand）与随动成像眼在手系统（Eye-in-Hand，或 Hand-Eye），如图 3-61 所示。

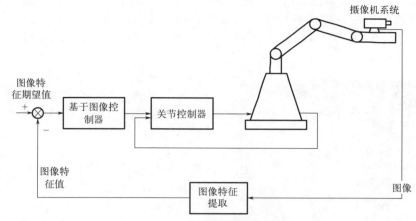

图 3-60　图像视觉伺服系统

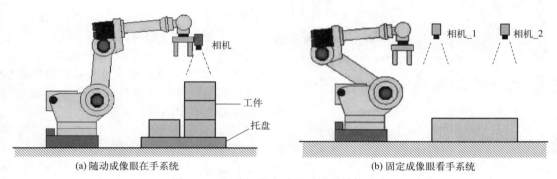

(a) 随动成像眼在手系统　　　　　　　　(b) 固定成像眼看手系统

图 3-61　两种机器人手眼系统的结构形式

3.2.2　工业视觉系统组成

工业视觉系统的组成如图 3-62 与图 3-63 所示。

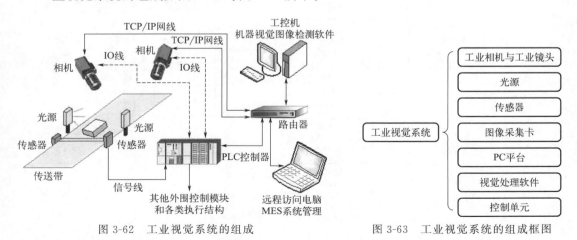

图 3-62　工业视觉系统的组成　　　　　　图 3-63　工业视觉系统的组成框图

（1）工业相机与工业镜头

工业相机与工业镜头这部分属于成像器件，通常的视觉系统都是由一套或者多套这样的成像系统组成的。如果有多路相机，可能由图像卡切换来获取图像数据，也可能由同步控制同时获取多相机通道的数据。根据应用的需要，相机输出的可能是标准的单色视频（RS-170/CCIR）、复合信号（Y/C）、RGB信号，也可能是非标准的逐行扫描信号、线扫描信号、高分辨率信号等。

图 3-64　视觉相机

1）工业相机

如图 3-64 所示，视觉相机根据采集图片的芯片不同可以分成两种：CCD 型相机、CMOS 型相机。

CCD（charge coupled device）是电荷耦合器件图像传感器。它由一种高感光度的半导体材料制成，能把光线转变成电荷，通过模数转换器芯片转换成数字信号，数字信号经过压缩以后由相机内部的闪速存储器或内置硬盘卡保存。

CMOS（complementary metal oxide semiconductor）是互补金属氧化物半导体。芯片主要是利用硅和锗这两种元素所做成的半导体，通过 CMOS 上带负电和带正电的晶体管来实现处理的功能。这两个互补效应所产生的电流即可被处理芯片记录和解读成影像。

CMOS 容易出现噪点，容易产生过热的现象；而 CCD 抑噪能力强、图像还原度高，但制造工艺复杂，导致相对耗电量高、成本高。

① 智能相机结构。如图 3-65 所示，智能相机结构包括采集模块、处理模块、存储模块和通信接口。通信接口有以太网接口、RS-485 串行接口、通用输入输出接口等。

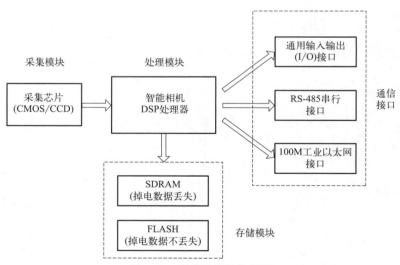

图 3-65　智能相机结构框图

② 智能相机执行流程。相机上电后，首先执行 BOOTLOADER 程序，对相机的硬件、系统程序代码进行检查，并执行固件更新等功能。执行完 BOOTLOADER 程序后，将执行系统程序（SYS），实现图像的采集、处理、结果输出、通信等功能。相机执行流程图如

图 3-66 所示。

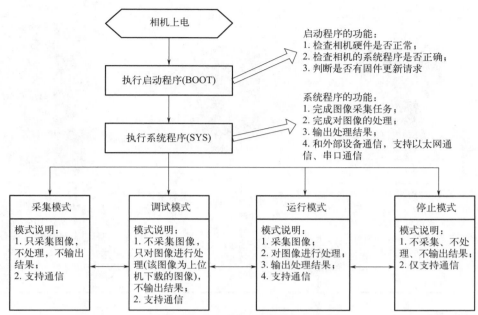

图 3-66　智能相机执行流程图

2）镜头

镜头是机器视觉系统中的重要组件，对成像质量有着关键性的作用。它对成像质量的几个最主要指标都有影响，包括：分辨率、对比度、景深及各种像差。可以说，镜头在机器视觉系统中起到了关键性的作用。

工业镜头的选择一定要慎重，因为镜头的分辨率直接影响到成像的质量。选购镜头时首先要了解镜头的相关参数：分辨率、焦距、光圈大小、明锐度、景深、有效像场、接口形式等。工业视觉检测系统中常用的六种比较典型的工业镜头，如表 3-6 所示。

表 3-6　六种比较典型的工业镜头

	百万像素（megapixel）低畸变镜头	微距（macro）镜头	广角（wide-angle）镜头
镜头照片			
特点及应用	工业镜头里最普通的一种，种类最齐全，图像畸变也较小，价格比较低，所以应用也最为广泛，几乎适用于任何工业场合	一般是指成像比例在 2∶1～1∶4 范围内的特殊设计的镜头。在对图像质量要求不是很高的情况下，一般可采用在镜头和摄像机之间加近摄接圈的方式或在镜头前加近距镜的方式达到放大成像的效果	镜头焦距很短，视角较宽，而景深却很深，图形有畸变（介于鱼眼镜头与普通镜头之间）。主要用于对检测视角要求较宽，对图形畸变要求较低的检测场合

续表

	鱼眼(fisheye)镜头	远心(telecentric)镜头	显微(micro)镜头
镜头照片			
特点及应用	鱼眼镜头的焦距范围在 6mm 至 16mm(标准镜头是 50mm 左右)。鱼眼镜头具有跟鱼眼相似的形状以及与鱼眼相似的作用,视场角等于或大于 180°,有的甚至可达 230°。图像有桶形畸变,画面景深特别大。可用于管道或容器的内部检测	主要是为纠正传统镜头的视差而特殊设计的镜头,它可以在一定的物距范围内,使得到的图像放大倍率不会随物距的变化而变化,这对被测物不在同一个物面上的情况是非常重要的	一般用于成像比例大于 10∶1 的拍摄系统,但由于现在的摄像机的像元尺寸已经做到 $3\mu m$ 以内,所以一般成像比例大于 2∶1 时也会选用显微镜头

(2) 光源

光源为辅助成像器件,光源选择优先。相似颜色(或色系)混合变亮,相反颜色混合变暗。如果采用单色 LED 照明,使用滤光片隔绝环境干扰,采用几何学原理来考虑样品、光源和相机位置,考虑光源形状和颜色以加强测量物体和背景的对比度。三基色:红、绿、蓝。互补色:黄和蓝、红和青、绿和品红。常见的机器视觉专用光源如表 3-7 所示。

表 3-7　常见的机器视觉专用光源

名称	图片	类型特点	应用领域
环形光源		环形光源提供不同照射角度、不同颜色组合,更能突出物体的三维信息;高密度 LED 阵列带来高亮度;多种紧凑设计,节省安装空间,解决对角照射阴影问题;可选配漫射板导光,光线均匀扩散	PCB 基板检测 IC 元件检测 显微镜照明 液晶校正 塑胶容器检测 集成电路印字检查
背光源		用高密度 LED 阵列面提供高强度背光照明,能突出物体的外形轮廓特征,尤其适合用于显微镜的载物台。红白两用背光源、红蓝多用背光源,能调配出不同颜色,满足不同被测物多色要求	机械零件尺寸的测量,电子元件、IC 的外形检测,胶片污点检测,透明物体划痕检测等

名称	图片	类型特点	应用领域
同轴光源		同轴光源可以消除物体表面不平整引起的阴影，从而减少干扰部分；采用分光镜设计，减少光损失，提高成像清晰度，均匀照射物体表面	此种光源最适宜用于反射度极高的物体，如金属、玻璃、胶片、晶片等表面的划伤检测，以及芯片和硅晶片的破损检测 Mark 点定位 包装条码识别
条形光源		条形光源是较大方形结构被测物的首选光源，颜色可根据需求搭配，自由组合照射角度	金属表面检查 图像扫描 表面裂缝检测 LCD 面板检测等
线形光源		具有超高亮度，采用柱面透镜聚光，适用于各种流水线连续监测场合	线阵相机照明专用 AOI（自动光学检测）专用
RGB 光源		不同角度的三色光照明，照射凸显焊锡三维信息，外加漫散射板导光	专用于电路板焊锡检测
球积分光源		具有积分效果的半球面内壁，均匀反射从底部 360°发射出的光线，使整个图像的照度十分均匀	适用于曲面、凹凸表面、弧面表面检测，以及金属、玻璃等表面反光较强的物体表面检测

名称	图片	类型特点	应用领域
条形组合光源		四边配置条形光源，每边照明独立可控，可根据被测物要求调整所需照明角度，适用性广	PCB 基板检测 焊锡检查 Mark 点定位 显微镜照明 包装条码照明 IC 元件检测
对位光源		对位速度快，视场大，精度高，体积小，亮度高	全自动电路板印刷机对位
点光源		大功率 LED，体积小，发光强度高，用作光纤卤素灯的替代品，尤其适合作为镜头的同轴光源。具有高效散热装置，大大提高光源的使用寿命	配合远心镜头使用用于芯片检测，Mark 点定位，晶片及液晶玻璃底基校正

（3）传感器

传感器通常以光纤开关、接近开关等形式出现，用以判断被测对象的位置和状态，告知图像传感器进行正确的采集。

（4）图像采集卡

图形采集卡通常以插入卡的形式安装在 PC 中，图像采集卡的主要工作是把相机输出的图像输送给电脑主机。它将来自相机的模拟信号或数字信号转换成一定格式的图像数据流，同时可以控制相机的一些参数，比如触发信号、曝光/积分时间、快门速度等。图像采集卡通常有不同的硬件结构以针对不同类型的相机，同时也有不同的总线形式，比如 PCI、PCI64、Compact PCI、PC104、ISA 等。

（5）PC 平台

电脑是一个 PC 式视觉系统的核心，在这里完成图像数据的处理和绝大部分的控制逻辑的运行；对于检测类型的应用，通常都需要较高频率的 CPU，这样可以减少处理的时间。同时，为了减少工业现场电磁、振动、灰尘、温度等的干扰，必须选择工业级的电脑。

（6）视觉处理软件

机器视觉处理软件用来完成对输入的图像数据的处理，然后通过一定的运算得出结果，这个输出的结果可能是 PASS/FAIL 信号、坐标位置、字符串等。常见的机器视觉软件以 C/C＋＋图像库、ActiveX 控件、图形式编程环境等形式出现，可以是具有专用功能的（比如仅用于 LCD 检测、BGA 检测、模板对准等），也可以是用于通用目的的（包括定位、测量、条码/字符识别、斑点检测等）。

（7）控制单元

控制单元包含 I/O、运动控制、电平转化单元等，一旦视觉软件完成图像分析（除非仅用于监控），紧接着就需要和外部单元进行通信以完成对生产过程的控制。简单的控制可以直接利用部分图像采集卡自带的 I/O，相对复杂的逻辑/运动控制则必须依靠附加可编程逻辑控制单元/运动控制卡来实现必要的动作。

3.2.3　工业机器人与相机通信

ABB 工业机器人提供了丰富的 I/O 接口，如 ABB 标准通信接口，不仅可以与 PLC 的现场总线通信，还可以与工业视觉和 PC 进行通信，轻松实现与周边设备的通信。本节主要介绍 Socket 通信指令，实现 ABB 工业机器人与康耐视相机的数据通信。

（1）Socket 通信相关指令

ABB 工业机器人在进行 Socket 通信编程时，其指令见表 3-8。图 3-67 所示为 Socket 指令在示教器中调用画面。

表 3-8　ABB 工业机器人 Socket 通信指令

指令	说明		参数及说明		示例	
	书写格式	功能	参数	说明	书写格式	说明
SocketClose	SocketClose Socket	关闭套接字	Socket	有待关闭的套接字	SocketClose Socket1	关闭套接字
SocketCreate	SocketCreate Socket	创建 Socket 套接字	Socket	用于存储系统内部套接字数据的变量	SocketCreate Socket1	SocketCreate Socket1：创建套接字 Socket1
SocketConnect	SocketConnect Socket，Address，Port	建立 Socket 连接	Socket	有待连接的服务器套接字，必须创建尚未连接的套接字	SocketConnect Socket1，"192.168.0.1"，1025；	尝试与 IP 地址 192.168.0.1 和端口 1025 处的远程计算机相连
			Address	远程计算机的 IP 地址，不能使用远程计算机的名称		
			Port	位于远程计算机上的端口		
SocketGetStatus	SocketGetStatus （Socket）	获取套接字当前的状态	Socket	用于存储系统内部套接字数据的变量	state：＝ SocketGetStatus （Socket1）；	返回 Socket1 套接字当前状态
			套接字状态：Socket_CREATED，Socket_CONNECTED，Socket_BOUND，Socket_LISTENING，Socket_CLOSED			

指令	说明		参数及说明		示例	
	书写格式	功能	参数	说明	书写格式	说明
SocketSend	SocketSend Socket [\Str]\[\RawData]\ [\Data]	发送数据至远程计算机	Socket	在套接字接收数据的客户端应用中,必须已经创建和连接套接字	SocketSend Socket1 \Str: ="Hello world";	将消息"Hello world"发送给远程计算机
			[\Str]\ [\RawData]\ [\Data]	将数据发送到远程计算机。同一时间只能使用可选参数\Str、\RawData或\Data中的一个		
SocketReceive	SocketReceive Socket [\Str]\[\RawData]\ [\Data]	接收远程计算机数据	Socket	在套接字接收数据的客户端应用中,必须已经创建和连接套接字	SocketReceive Socket1 \Str: = str_data;	从远程计算机接收数据,并将其存储在字符串变量 str_data 中
			[\Str]\ [\RawData]\ [\Data]	应当存储接收数据的变量。同一时间只能使用可选参数\Str、\RawData或\Data中的一个		
StrPart	StrPart(Str ChPos Len)	获取指定位置开始长度的字符串	Str	字符串数据	Part: =Str-Part ("Robotics",1,5);	变量 Part 的值为"Robot"
			ChPos	字符串开始位置		
			Len	截取字符串的长度		
StrToVal	StrToVal(Str Val)	将字符串转化为数值	Str	字符串数据	ok: = Str-ToVal ("3.14", nval);	变量 nval 的值为3.14
			Val	保存转换得到的数值的变量		
StrLen	StrLen(Str)	获取字符串的长度	Str	字符串数据	len: =Str-Len ("Robot-ics");	变量 len 的值为8

(2) 相机通信程序流程

工业机器人与相机的通信采用后台任务执行的方式,即:工业机器人和相机的通信及数据交互在后台任务执行,工业机器人的动作及信号输入、输出在工业机器人系统任务执行,后台任务和工业机器人系统任务是并行运行的。后台任务中,工业机器人获取相机图像处理后的数据通过任务间的共有变量共享给工业机器人系统任务;工业机器人系统任务中,根据

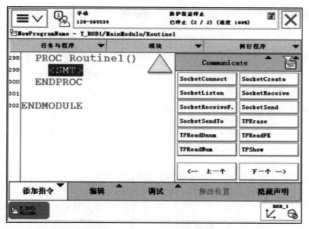

图 3-67 Socket 指令在示教器中调用画面

后台任务共享得到的数据，控制工业机器人执行相应的程序。某工业机器人与相机的通信流程如图 3-68 所示。

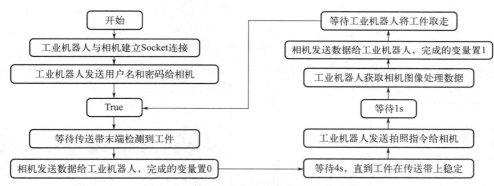

图 3-68 某工业机器人与相机的通信流程

1）配置相机通信任务

配置相机通信任务具体操作步骤如下。

① 按顺序选择"主菜单"→"系统信息"→"系统属性"→"控制模块"→"选项"。确认系统中是否存在创建多个任务选项"Multitasking"，如图 3-69 所示。

图 3-69 创建多任务选项"Multitasking"

图 3-70 打开配置系统参数界面

② 依次选择"主菜单"→"控制面板"→配置系统参数，打开配置系统参数界面，如图 3-70 所示。

③ 单击"主题"，选择"Controller"，双击"Task"，如图 3-71 所示。

图 3-71 选择"Controller"

图 3-72 进入 Task 任务界面

④ 进入 Task 任务界面，如图 3-72 所示。T_ROB1 是默认的机器人系统任务，用于执行工业机器人运动程序。

⑤ 单击"添加"，创建工业机器人与相机通信的后台任务，如图 3-73 所示。

图 3-73 创建工业机器人与相机通信的后台任务

图 3-74 配置后台任务

⑥ 配置工业机器人与相机通信的后台任务，如图 3-74 所示。设置参数：

Task：CameraTask；

Type：Normal；

其他参数默认。单击"确定"，重启工业机器人控制器。

⑦ 系统重启后，Task 参数中就多一个 CameraTask 任务，如图 3-75 所示。

⑧ 依次选择"主菜单"→"程序编辑器"，选中 CameraTask，在出现的界面中选择"新建"，如图 3-76 所示。

⑨ 系统会自动新建模块"MainModule"以及程序"main"，完成相机通信任务的配置，

图 3-75 系统重启

如图 3-77 所示。

图 3-76　选择"新建"

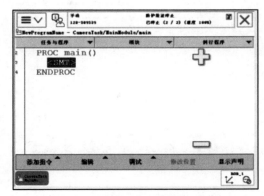

图 3-77　完成相机通信任务的配置

2）创建 Socket 及其变量

工业机器人与相机通信所需要用到的 Socket 及其相关变量如表 3-9 所示。PartType、Rotation、CamSendDataToRob 为 CameraTask 和 T_ROB1 任务共享的变量，其存储类型必须为可变量。CameraTask 任务中创建 Socket 相关变量的步骤如下。

表 3-9　Socket 及其相关变量

序号	变量名称	变量类型	存储类型	所属任务	变量说明
1	ComSocket	Socketdev	默认	CameraTask	与相机 Socket 通信套接字设备变量
2	strReceived	string	变量	CameraTask	接收相机数据的字符串变量
3	PartType	num	可变量	CameraTask	1 为减速器工件，2 为法兰工件
4	Rotation	num	可变量	CameraTask	相机识别工件的旋转角度
5	CamSendDataToRob	bool	可变量	CameraTask	相机处理数据完成信号

① 依次选择"主菜单"→"程序数据"→"视图"→"全部数据类型"，单击"更改范围"，如图 3-78 所示。

图 3-78　"更改范围"

图 3-79　选参数"CameraTask"

② 将"任务"参数选为"CameraTask"，单击"确定"，如图 3-79 所示。
③ 选中数据类型"Socketdev"，单击"显示数据"，如图 3-80 所示。

图 3-80 单击"显示数据"

图 3-81 创建 Socketdev 类型变量

④ 单击"新建",创建 Socketdev 类型变量,如图 3-81 所示。如图 3-82 所示,名称:ComSocket;范围:全局;任务:CameraTask;模块:MainModule。单击"确定"。

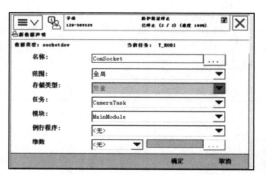

图 3-82 创建 ComSocket

⑤ 选中数据类型"string",新建变量"strReceived"。如图 3-83 所示,变量名称:strReceived;存储类型:变量;任务:CameraTask。

图 3-83 新建变量"strReceived"

图 3-84 新建变量"PartType"

⑥ 选中数据类型"num",新建变量"PartType"。如图 3-84 所示,变量名称:PartType;存储类型:可变量;任务:CameraTask。

⑦ 选中数据类型"num",新建变量"Rotation"。如图 3-85 所示,变量名称:Rotation;存储类型:可变量;任务:CameraTask。

图 3-85　新建变量"Rotation"　　　　　　图 3-86　新建变量"CamSendDataToRob"

⑧ 选中数据类型"bool"，新建变量"CamSendDataToRob"。如图 3-86 所示，变量名称：CamSendDataToRob；存储类型：可变量；任务：CameraTask。

（3）编写相机通信程序

相机通信程序一般包括如图 3-87 所示的几种。

1）编写 Socket 连接程序

工业机器人与相机通信时，相机作为服务器，工业机器人作为客户端。Socket 通信例行程序的创建如图 3-88 所示。Socket 通信程序的流程是：

① 工业机器人同相机建立 Socket 连接；

② 工业机器人发送用户名（"admin \ 0d \ 0a"）给相机，相机返回确认信息；

③ 工业机器人发送密码（"\ 0d \ 0a"）给相机，相机返回确认信息。

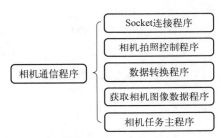

图 3-87　相机通信程序

(a) 新建RobConnectToCamera例行程序

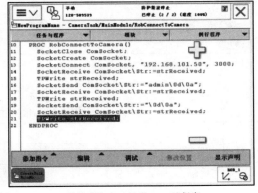
(b) RobConnectToCamera子程序

图 3-88　工业机器人与相机的通信程序流程

Socket 通信程序示例，如表 3-10 所示。

表 3-10　Socket 通信程序示例

行号	示例程序	程序说明
1	PROC RobConnectToCamera	RobConnectToCamera 例行程序开始

行号	示例程序	程序说明
2	SocketClose ComSocket;	关闭套接字设备 ComSocket
3	SocketCreate ComSocket;	创建套接字设备 ComSocket
4	SocketConnect ComSocket,"192.168.101.50",3010	连接相机 IP:192.168.101.50。端口:3010
5	SocketReceive ComSocket\Str:=strReceived;	接收相机数据并保存到变量 strReceived
6	TPWrite strReceived;	将 strReceived 数据显示在示教界面上
7	SocketSend ComSocket\Str:="admin\0d\0a";	发送用户名 admin,\0d\0a 代表回车换行
8	SocketReceive ComSocket\Str:=strReceived;	接收相机数据,存到变量 strReceived
9	TPWrite strReceived;	将 strReceived 数据显示在示教盒界面上
10	SocketSend ComSocket\Str:="\0d\0a";	发送密码数据到相机,密码数据:\0d\0a
11	SocketReceive ComSocket\Str:=strReceived;	接收相机数据,存到变量 strReceived
12	TPWrite strReceived;	将 strReceived 数据显示在示教盒界面上
13	ENDPROC	RobConnectToCamera 例行程序结束

2)编写相机拍照控制程序

创建相机拍照例行程序如图 3-89 所示。相机拍照控制程序示例,如表 3-11 所示。

(a) 新建 SendCmdToCamera 例行程序

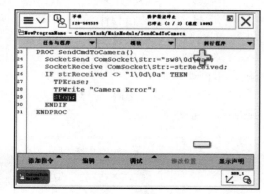

(b) SendCmdToCamera 子程序

图 3-89 SendCmdToCamera 程序

表 3-11 相机拍照控制程序示例

行号	示例程序	程序说明
1	PROC SendCmdToCamera()	SendCmdToCamera 例行程序开始
2	SocketSend ComSocket\Str:="se8\0d\0a";	发送相机拍照控制指令:se8\0d\0a
3	SocketReceive ComSocket\Str:=strReceived;	接收数据:1 代表拍照成功;不为 1 则说明相机故障
4、5	IF strReceived <> "1\0d\0a" THEN TPErase;	使用 IF 指令判断相机拍照是否成功,示教盒画面清除
6	TPWrite "Camera Error"	示教盒上显示"Camera Error"
7	STOP;	停止
8	ENDIF	判断结束
9	ENDPROC	SendCmdToCamera 例行程序结束

3）编写数据转换程序

数据转换程序示例，如表 3-12 所示。

表 3-12　数据转换程序示例

行号	示例程序	程序说明
1	PROC num StringToNumData(string strData)	StringToNumData 例行程序开始
2	strData2:=StrPart(strData,4,StrLen(strData)－3);	分割字符串，获取工件类型数据字符串
3	ok:=StrToVal(strData2,numData);	将工件类型数据字符串转化为数值
4	RETURN numData;	使用 RETURN 指令返回数据 numData
5	ENDPROC	StringToNumData 例行程序结束

① CameraTask 任务中新建功能程序 "StringToNumData"，如图 3-90 所示。类型：功能；数据类型：num。

图 3-90　新建功能程序

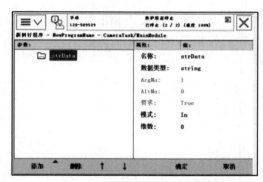

图 3-91　创建参数 strData

② 创建参数 strData，如图 3-91 所示。类型为：string。

③ 进入功能程序 "StringToNumData"，添加指令 "：＝"，如图 3-92 所示。

图 3-92　进入功能程序

图 3-93　新建本地 string 类型变量

④ ＜VAR＞：选择新建本地 string 类型变量 "strData2"，如图 3-93 所示。＜EXP＞：选择 StrPart 指令，并输入相应的参数。StrPart 指令用于拆分字符串，并返回得到的字符串。strData：程序参数。strData2：程序本地变量。

⑤ 使用赋值指令将 string 数据类型转换成 num 数据类型，如图 3-94 所示。StrToVal 指令用于将字符串转换为数值，返回值为 1 代表转换成功，返回值为 0 代表转换失败。

图 3-94　换成 num 数据类型

图 3-95　返回数据 numData

⑥ 使用 RETURN 指令返回数据 numData，如图 3-95 所示。

4）编写获取相机图像数据程序

工业机器人要获取相机图像数据，必须向相机发送特定的指令，然后用数据转换程序将接收到的数据转换成想要的数据。CameraTask 任务中新建例行程序"GetCameraData"，如图 3-96 所示。编写获取相机图像数据程序，示例见表 3-13。

(a) 新建GetCameraData例行程序　　　　　　(b) GetCameraData子程序

图 3-96　GetCameraData 程序

表 3-13　获取相机图像数据程序示例

行号	示例程序	程序说明
1	PROC GetCameraData( )	GetCameraData 例行程序开始
2	SocketSend ComSocket\Str：="GVFlange. Pass\0d\0a"；	发送识别工件类型指令
3	SocketReceive ComSocket\Str：＝strReceived；	接收相机数据并保存到 strReceived
4	numReceived：＝StringToNumData(strReceived)；	将数据转换并赋值给 numReceived
5	IF numReceived＝0　THEN	如果 numReceived 为 0，则
6	PartType：＝1；	当前工件为减速器，PartType 设为 1
7	ELSEIF numReceived＝1　THEN	如果 numReceived 为 1，则
8	PartType：＝2；	当前工件为法兰，PartType 设为 2
9	SocketSend ComSocket\Str：＝"GVFlange. Fixture. Angle \0d\0a"；	发送获取工件旋转角度指令

行号	示例程序	程序说明
10	SocketReceive ComSocket\Str：＝strReceived；	接收相机数据并保存到 strReceived
11	Rotation：＝StringToNumData(strReceived)；	将接收到的数据转换并赋值给 Rotation
12	ENDIF	判断结束
13	ENDPROC	GetCameraData 例行程序结束

5）相机任务主程序示例（表 3-14）

表 3-14　相机任务主程序示例

行号	示例程序	程序说明
1	ROC main()	相机任务(CameraTask)主程序开始
2	RobConnectToCamera；	调用例行程序"RobConnectToCamera"
3	WHILE　TRUE　DO	使用循环指令 WHILE,参数设为 TRUE
4	WaitDI　EXDI4,1；	等待皮带运输机前限光电开关信号置 1
5	CamSendDataToRob：＝FALSE；	相机处理数据完成信号置 0
6	WaitTime 4；	等待 4s
7	SendCmdToCamera；	调用相机拍照控制程序
8	WaitTime 0.5；	等待 0.5s
9	GetCameraData；	调用获取相机图像数据程序
10	CamSendDataToRob：＝TRUE；	相机处理数据完成信号置 1
11	WaitDI　EXDI4,0；	等待皮带运输机前限光电开关信号置 0
12	ENDWHILE	WHILE 循环结束
13	ENDPROC	main 主程序结束

3.3　触摸屏

3.3.1　触摸屏的组成

在以 PLC 为核心的控制中，绝大多数情况下都具有触摸屏或上位机。这是因为用 PLC 做控制时，主要处理的是一些模拟量，例如压力、温度、流量等，通过检测到的数值，根据相应条件控制设备上的元件，如电动阀、风机、水泵等，但这些数值不能从 PLC 上直接看到，想要看到这些数值，就要使用触摸屏或工控机（其实就是电脑），如图 3-97 所示。

一个基本的触摸屏是由通信接口单元、驱动单元、内存变量单元、显示单元四个主要组件构成，在与 PLC 等终端连接后，可组成一个完整的监控系统。

（1）通信接口单元

通信接口单元把驱动单元的数据，通过触摸屏背面的通信接口发送给 PLC。

（2）驱动单元

驱动单元里具有许多和 PLC 连接的通信文件，一个文件对应一种通信协议，比如西门子 S7-200PLC 使用 PPI 通信协议。

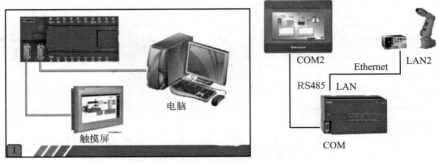

图 3-97　触摸屏的应用

（3）内存变量单元

内存变量单元就是一块存储区，可以存放各种各样的数据。存放的数据类型大致可以分为数值型、开关型、字符型、特殊型。

（4）显示单元

显示单元通过触摸屏画面显示各种信息。例如要显示"锅炉水温"，只要在触摸屏的显示单元上，画一个显示框的部件，然后把这个部件和"锅炉水温"变量连接起来就可。

3.3.2　产品追溯

产品追溯（产品溯源）是将当前先进的物联网技术、自动控制技术、自动识别技术和互联网技术综合利用，通过专业的机器设备对单件产品赋予唯一的追溯码作为防伪身份证，实现"一物一码"，然后可对产品的生产、仓储、分销、物流运输、市场稽查、销售终端等各个环节采集数据并追踪，构成产品的生产、仓储、销售、流通和服务的一个全生命周期管理。

追溯码的构成内容一般涵盖贯穿产品生产全过程的信息，如：产品类别、生产日期、有效期、批号等。在产品生产过程中，它可以追溯到哪个零件被安装于成品中了、产生了哪些需要控制的关键参数以及是否都合格等。当产品发生质量事故时，可以知道具体是哪些产品发生了问题及这个问题产品的批次、生产日期、生产车间、具体的负责人，并可只针对有问题的产品进行召回。

溯源技术分三种：

第一种是 RFID（射频识别）技术。在产品包装上加贴一个带芯片的标识，产品进出仓库和运输时就可以自动采集和读取相关的信息，产品的流向都可以记录在芯片中。

第二种是二维码。消费者只要通过带摄像头的手机拍摄二维码，就能查询到产品的相关信息，查询的记录都会保留在系统内。一旦产品需要召回，就可以直接发送短信给消费者，实现精准召回。

第三种是条码加上产品批次信息（如生产日期、生产时间、批号等）。

（1）工艺记录与信息追溯

RFID 的基本功能就是对 RFID 芯片读写；扩展功能是对芯片存储器及信息的规划，见表 3-15。应用扩展功能可完成工艺记录与信息追溯。例如：在工件装配过程中，根据不同的工序对产品的装配过程进行记录，并通过读取芯片中的记录信息，查询指定工序的信息。每道工序信息需要包括用户自定义信息与记录时间，本工艺包括图 3-98 所示工序。

表 3-15　RFID 扩展功能

接口	类型	功能描述
RFID 状态	PLC→Robot	命令的执行状态
RFID 命令	Robot→PLC	读写复位等操作
工序	PLC→Robot	读取的步骤信息
工序	Robot→PLC	工作步骤（信息存储区）
日期	PLC→Robot	读取到的日期
日期	Robot→PLC	待写入的日期
时间	PLC→Robot	读取到的时间
时间	Robot→PLC	待写入的时间
信息	PLC→Robot	读取到的信息
信息	Robot→PLC	待写入的信息

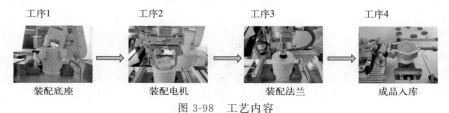

图 3-98　工艺内容

1）工艺要求

① 工序信息，见图 3-99。

② 工序信息的最大长度（Byte），见图 3-100。

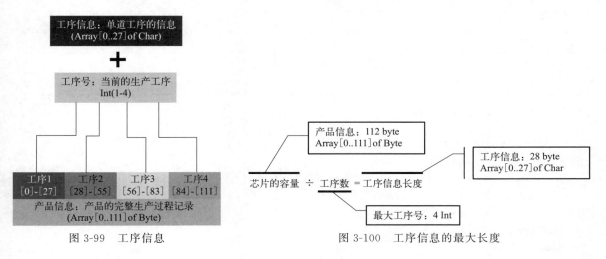

图 3-99　工序信息　　　　　图 3-100　工序信息的最大长度

③ 单道工序在产品信息寄存器中的起始地址，见图 3-101。

图 3-101　单道工序起始地址

2）工序记录与查询

工序信息在芯片中进行记录和查询，芯片信息读写均为全区操作。

① 寄存器规划。创建"Step_Write""Step_Search"寄存器，用于当前工序信息和对应工序查询结果的数据存储；创建"Write""Read"寄存器，用于芯片写入和读取数据的存储，如图 3-99 所示。

② 程序示例。编写信息记录在 10 工序上，并查询 20 工序信息的程序。

Step_Write 数据类型:Array[0..27] of Char;Step_Search 数据类型:Array[0..27] of Char;Write 数据类型:Array[0..111] of Byte;Read 数据类型:Array[0..111] of Byte。

```
IF ♯读写命令＝10  AND  0＜♯工序号  AND  5＞♯工序号 THEN//信息记录
♯写入起始位:=(♯工序号－1)* 28;
FOR ♯i:=0 TO 27 DO  ♯Write[♯写入起始位＋♯i]:=♯Step_Write[♯i];
END_FOR;
ELSIF ♯读写命令＝20 AND 0＜♯工序号  AND  5＞♯工序号 THEN//信息查询
♯读取起始位:=(♯工序号－1)* 28;
FOR ♯i:=0 TO 27 DO
♯Step_Search:=♯Read[♯读取起始位＋♯i];
END_FOR;
END_IF;
```

③ 当前工序的装配记录。工序的装配记录信息见表 3-16；对于用户自定义的信息，有效信息小于 9 个字符时，用"＊"位；在不进行补位时，由于是用数组进行存储，不影响信息的写入和查询，但在需要以字符串进行触屏显示时，空字符之后的信息将不进行显示。

注意：信息补位由机器人或 PLC 任意一方进行即可。

表 3-16　工序的装配记录信息

工序信息 Array[0..27] of Char			
工序信息组成	字节长度/Byte	数组元素地址	格式说明
用户自定义信息	9	[0]～[8]	
日期	10	[9]～[18]	"yyyy-mm-dd"
时间	8	[19]～[26]	"hh-mm-ss"
分隔符	1	[27]	"｜"

a. 机器人补位程序实例：

```
//name length part;
IF Strlen(rfidcon. name)＜9 THEN
  rfidcon. name:=rfidcon. name＋StrPart("＊＊＊＊＊＊＊＊＊ ",1,9Strlen(rfidcon. name));
ELSEIF  Strlen(rfidcon. name)＞9 THEN
  rfidcon. name:=StrPart(rfidcon. name,1,9);
ENDIF;
```

b. PLC 补位程序实例：

```
//信息补位
FOR ♯i:=0 TO 8 DO
IF ♯Step_Write[♯i] <> '$ 00' THEN ♯Write[♯写入起始位 ＋ ♯i]:=♯Step_Write[♯i];
ELSE;
♯Write[♯写入起始位 ＋ ♯i]:='＊ ';
END_IF;
END_FOR;
```

（2）电机装配追溯应用编程

电机工件的装配流程中，一共有三个装配状态，分别为：装配了电机转子和端盖的电机外壳，即成品工件；只装配了电机转子的电机外壳，即半成品工件；没有装配电机转子和端盖的电机外壳，即毛坯工件。装配信息如图 3-102 所示。对照工序信息的区间划分方式，将它们的装配信息分别记录在工序 1、工序 2、工序 3 中，见表 3-17。

图 3-102　装配信息

表 3-17　装配步骤信息说明

序号	工序号定义	装配步骤说明	用户名称定义	颜色信息说明
1	1	电机成品工件	red	装配工件为红色
2	2	电机半成品工件	yellow	装配工件为黄色
3	3	电机毛坯工件	blue	装配工件为蓝色

1）过程

如图 3-103 所示，其过程分为写入、读取、复位三个步骤。

① 通过写入功能，将机器人的指定端口数据信息，发送到 PLC 的指定数据缓存区，将这些数据进行处理后，写入到芯片中，实现工序信息的记录。

② 通过读取功能，将芯片中的所有信息读取到 PLC 端指定的数据缓存区，将这些数据拆分处理后，将指定工序信息发送到机器人的指定端口，实现数据查询。

③ 通过复位功能，复位 RFID 读写器的状态，使其实现读取或写入功能。

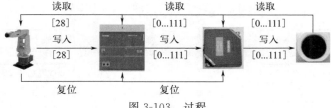

图 3-103　过程

根据工序信息的划分方式，我们将每 28byte 划分为一道工序信息。即 0～8byte 写入用户自定义信息，9～18byte 写入日期信息，19～26byte 写入时间信息，第 27byte 写入分割符，如图 3-104 所示。HIM 端状态显示，如图 3-105 所示。

图 3-104　工序信息

2）程序编制

① 任务流程，见图 3-106。

② 机器人程序名，见表 3-18。

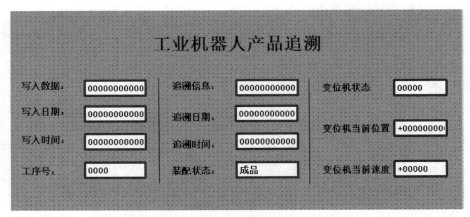

图 3-105　HIM 端状态显示

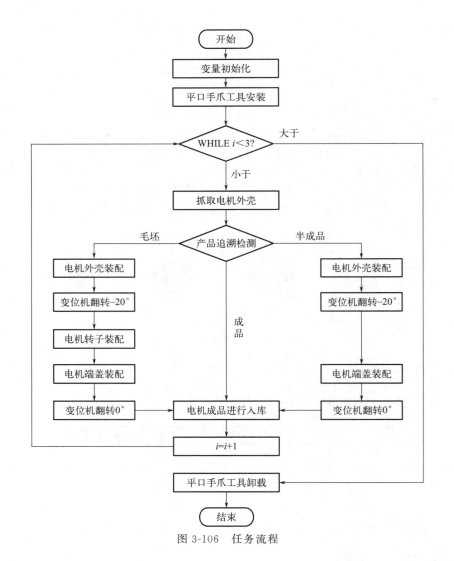

图 3-106　任务流程

表 3-18　机器人程序名

序号	程序名称	程序类型	说明
1	Main	主程序	调用其他子程序,运行任务总流程
2	Stack_Pick	子程序	电机外壳抓取程序,用于从仓库抓取电机外壳工件
3	Rotor_Pick	子程序	电机转子抓取程序,用于从电机装配模块抓取电机转子工件
4	Cover_Pick	子程序	电机端盖抓取程序,用于从电机装配模块抓取电机端盖工件
5	Motor_Assembly	子程序	电机外壳装配程序,用于将电机外壳装配在变位机上
6	Part_Assembly	子程序	电机部件装配程序,用于将电机转子或端盖装配到电机外壳中
7	Assembly_Pick	子程序	电机产品抓取程序,用于从变位机抓取电机成品工件
8	Rfid_Ascend	子程序	电机产品追溯程序,用于判断读出的 RFID 追溯信息
9	Rfid_Write	子程序	RFID 信息录入,用于更新电机工件的装配状态信息
10	Sorting_Color	子程序	电机产品程序,用于判断电机转子或端盖的抓取位置
11	Put_Storage	子程序	电机产品入库程序,用于将电机成品放入立体仓库指定仓位
12	Qu_GongJu	子程序	平口手爪安装程序,用于机器人抓取直口手爪并安装到末端
13	Fang_GongJu	子程序	平口手爪卸载程序,用于机器人将末端直口手爪放回手爪支架

③ 关键目标点示教。工业机器人基于 RFID 的电机装配追溯程序的关键目标点包括:平口手爪工具取放点、电机外壳抓取点、电机转子抓取点、电机端盖抓取点、RFID 芯片检测点、工件装配点、装配体取放点、成品入库点、原点、装配到位点、工具到位点及取放偏移点。关键目标点定义及其说明如表 3-19 所示。

表 3-19　关键目标点定义及其说明

序号	目标点	存储类型	获取方式	说明
1	Stack_MotorBase	变量	示教	立体库模块电机外壳抓取点
2	RFID_Pos	变量	示教	在 RFID 模块的产品追溯点
3	Assembly_Pos	变量	示教	在装配模块上的电机外壳装配点及成品抓取点共用
4	Rotor_Base	变量	示教	电机搬运模块抓取转子基点
5	Part_Asy	变量	示教	电机转子、端盖工件装配点
6	Cover_Base	变量	示教	电机搬运模块抓取端盖基点
7	Storage	变量	示教	立体库模块成品入库点
8	Tool_InPlace	常量	直接输入数值	工具到位 J1～J6:[$-90,-20,0,0,90,0$]
9	Assembly_InPlace	常量	直接输入数值	装配到位 J1～J6:[$90,-20,0,0,90,0$]
10	Home	常量	直接输入数值	原点 J1～J6:[$O,-20,0,0,90,0$]
11	TempPos	变量	未知	未知点偏移

④ 主程序设计。基于 RFID 的电机装配追溯流程主程序设计的流程为:

工业机器人安装平口手爪工具,从立体库模块抓取电机外壳工件,然后在 RFID 模块进行产品追溯(其中,产品追溯结果分为毛坯、半成品、成品三个装配状态)。

根据产品追溯结果,做相应流程处理。如果电机产品需装配,则将电机产品放置在变位机模块上,然后,变位机面向工业机器人一侧翻转 $-20°$,配合工业机器人完成电机外壳成品装配,变位机再回到 0°水平位置。

之后,工业机器人将成品入库;依次循环,完成其他电机外壳产品追溯及入库管理。最后，工业机器人卸载平口手爪工具，回到原点，流程结束。主程序结构设计如表 3-20 所示。（注意：对于通用性程序，就不再进行赘述，依据前面相关知识点进行编写。）

表 3-20　主程序结构设计

行号	程序	说明
1	PROC Main()	主程序
2	i：＝0；	i 变量复位
3	Qu_GongJu；	调用平口手爪工具安装程序
4	WHILE i＜3 DO Stack_Pick；	进入 While 循环，并且当 i＜3 时调用电机外壳抓取程序
5	RiSd_Ascend；	调用电机产品追溯程序
6	Sort ing_Color；	调用电机产品分拣程序
7	IF ProductStatus＝3 THEN Motor_Assembly；	生产状态等于 3 时，生产毛坯配件调用电机外壳装配程序
8	Rotor_Pick；	调用电机转子抓取程序
9	Part_Assembly；	调用电机部件装配程序
10	Cover_Pick；	调用电机端盖抓取程序
11	Part_Assembly；	调用电机部件装配程序
12	Assembly_Pick；	调用电机产品抓取程序
13	ENDIF	IF 判断结束
14	IF ProductStatus＝2 THEN Motor_Assembly；	生产状态等于 2 时，生产半成品调用电机外壳装配程序
15	Cover_Pick；	调用电机端盖抓取程序
16	Part_As sembly；	调用电机部件装配程序
17	Assembly_Pick；	调用电机产品抓取程序
18	ENDIF	IF 判断结束
19	Put_Storage；	调用电机成品入库程序
20	i：＝i＋1；	i 变量加 1，依次循环判断
21	ENDWHILE	While 循环结束
22	Fang_GongJu；	调用平口手爪工具卸载程序
23	ENDPROC	程序结束

⑤ 电机产品追溯程序（Rfid_Ascend）。从立体库模块抓取电机外壳，运行至 RFID 模块上方进行电机外壳产品数据追溯，并根据电机外壳装配信息，做相应工艺流程处理。包括生产产品状态、产品分拣处理。其程序如表 3-21 所示。

表 3-21　电机产品追溯程序

行号	程序	说明
1	PROCRfid_Ascend()	电机产品追溯程序
2	MoveAbsJ Homek\NoEOffS,v200,fine,tool0；	运行到原点
3	MoveAbsJ RFID_transk\NoEOffs,v200,fine,tool0；	RFID 模块过渡点
4	MoveL Offs(RFID_Pos,0,0,100),v200,fine,tool0；	偏移 100mm

续表

行号	程序	说明
5	MoveL Ofrs(RFID_Pos,0,0,0),v200,fine,tool0;	运行到 RFID 模块点
6	N:=3;	N 变量赋值为 3
7	WHILE TRUE DO	进入循环体
8	rfidcon. stepno:=N;	N 的值赋给 Command
9	rfidcon. command:=2 0;	追溯命令
10	Wai tUnt i l rfidstate. command=2 1;	等待追溯完成状态
11	rfidcon. command:=0;	追溯命令清零
12	WaitTime 1;	等待 1s
13	IF rfidstate. name<>""THEN ProductStatus:=N;	如果数据不为空,则是处于生产产品状态
14	IF rfidstate. name="Red"*****"THEN ProductColor:=3;	如果追溯数据为 Red,生产毛坯配件
15	GOTO Laber1;	跳转至标签处
16	ELSEIF rfidstate. name:"Yellow***THEN ProductColor:=2;	如果追溯数据为 Yellow,生产半成品配件
17	GOTO Laber1;	跳转至标签处
18	ELSEIF rfidstate. name:"Blue*****"THEN ProductColor:=1;	如果追溯数据为 Blue,生产成品配件
19	GOTO Laber1;	跳转至标签处
20	ENDIF	IF 判断结束
21	ELSE	都不满足
22	ProductStatus:=0;	则不生产电机配件
23	ENDIF	IF 判断结束
24	N:=N-1;	从 3~N 依次循环追溯
25	ENDWHILE	循环体结束
26	Laber1;	运行标签处
27	MoveL Offs(RF 工 D. POS,0,0,100),v200,fine,tool0;	偏移 100mm
28	MoveAbsJ RFID_trans\NoEOfFs,v2 00,fine,tool0;	RFID 模块过渡点
29	MoveAbsJ Home\ NoEOfFs,v200,fine,tool0;	运行到原点
30	ENDPROC	程序结束

⑥ 电机产品分拣程序（Sortin_Color）。根据产品所追溯到的数据信息，做相应流程装配。如果检测到需要生产毛坯，则进行毛坯所需部件装配；如果检测到需要生产半成品，则进行半成品所需部件装配；如果检测到需要生产成品，则进行成品所需部件装配。其程序如表 3-22 所示。

表 3-22 电机产品分拣程序

行号	程序	说明
1	PROC Sort ing_Color()	电机产品分拣程序
2	IF ProductColor=3 THEN Pick_Rotor:=Rotor_Base;	如果需生产毛坯,抓取电机搬运模块上第 1 行转子
3	Pi ck_Cover:=Cover Base;	抓取电机搬运模块上第一行端盖

行号	程序	说明
4	ELSEIF ProductColor＝2 THEN＝Pick_Rotor：＝Rotor_Base；	如果需生产半成品，将电机转子原点赋值给Pick_Rotor对象
5	Pick_Rotor. trans. y：＝Rotor_Base. trans. y-75；	基于原点Y负方向偏移75mm，抓取第2行
6	Pick_Cover：＝Cover_Base；	将电机端盖原点赋值给Pick_Rotor对象
7	Pick_Cover. trans. y：＝Pick_Cover. trans. y-75；	基于原点Y负方向偏移75mm，抓取第二行
8	ELSEIF ProductColor＝1 THEN Pick_Rotor：＝Rotor_Base；	如果需生产成品，将电机转子原点赋值给PickRotor对象
9	Pick_Rotor. trans. y：＝Rotor_Base. trans. y-150；	基于原点Y负方向偏移150mm，抓取第3行
10	Pick_Cover：＝Cover Base；	将电机端盖原点赋值给Pick_Rotor对象
11	Pick_Cover. trans. y：＝Pick_Cover. trans. y-150；	基于原点Y负方向偏移150mm，抓取第3行
12	ENDIF	IF判断结束
13	ENDPROC	程序结束

3.4 RFID

3.4.1 RFID的基本组成

射频识别技术（radio frequency identification，RFID），是自动识别技术的一种，指通过无线射频方式进行非接触双向数据通信，利用无线射频方式对记录媒体（或射频卡）进行读写，从而达到识别目标和交换数据的目的。RFID检测系统可以准确地读取工件内的标签信息，如编号、颜色、材质等信息，这些信息可以进行传输。如图3-107所示，RFID被广泛地应用到各行各业中。RFID技术的特点是：抗干扰性强；数据容量庞大；可以动态修改；使用寿命长；防冲突；安全性高；识别速度快。如图3-108所示，RFID的基本组成部分包括标签、阅读器和天线三部分。

图 3-107　RFID 的应用

（1）标签（tag）

它由耦合元件及芯片组成。每个标签具有唯一的电子编码，附着在物体上标识目标对象。

（2）阅读器（reader）

它是读取（有时还可以写入）标签信息的设备，可设计为手持式 RFID 读写器（如：C5000W）或固定式读写器。

（3）天线（antenna）

在标签和读取器间传递射频信号。

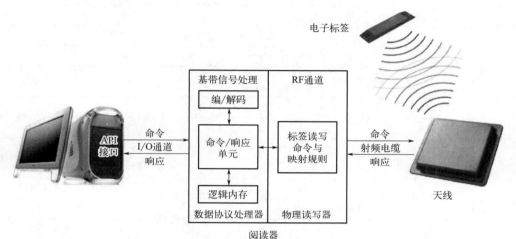

图 3-108　RFID 系统的构成

根据实际情况，可以采用不同的 RFID。如西门子 RFID 可由 RF260R 读写器（图 3-109）、电子标签、232 转 422 转接模块、通信电缆组成。

西门子 RF260R 是带有集成天线的读写器。设计紧凑，非常适用于装配。技术规范为：工作频率为 13.56MHz，电气数据最大范围为 135mA，通信接口标准为 RS232，额定电压为 DC 24V，电缆长度为 30m。它带有 3964 传送程序，用于连接到 PC 系统或 PLC 控制器。

图 3-109　RF260R 读写器

3.4.2　RFID 的应用

（1）RFID 接口及使用

1）RFID 接口属性说明（表 3-23）

表 3-23　RFID 接口属性说明

接口	功能
Command	命令/响应
Stepno	步序（工序）
state	工件状态（类型）

接口	功能
name	操作者标识（以字符或数字组合，最长 8 位）
Date	日期（系统生成，无须操作）
time	时间（系统生成，无须操作）

2）RFID 控制接口（表 3-24、表 3-25）

表 3-24　Command 控制字

指令	功能
10	写数据
20	读数据
30	复位

表 3-25　Command 状态字

指令	功能	指令	功能
11	写完成	21	读完成
10	写入中	20	读取中
12	写入错误	22	读取错误
100	待机	31	复位完成
101	有芯片在工作区	30	复位中
		32	复位错误

（2）程序编制

1）复位程序

```
rfidcon. command:=30;              RFID 复位
WaitUntil rfidstate. command=31;          等待复位完成
rfidcon. command:=0;          复位指令清除
```

2）写入程序

① 数据准备。

Name：可设定为姓名拼音或编号等，8 个字符。

Stepno：步骤/工序。

State：状态/工件类型。

② 程序。

```
rfidcon. stepno:=1;
rfidcon. state:=1;
```

③ 写入程序实例。

```
rfidcon. command:=10;              RFID 复位
WaitUntil rfidstate. command=11;      等待复位完成
rfidcon. command:=0;      复位指令清除
```

第4章

虚拟工作站的构建

4.1 工业机器人工作站的建立

图 4-1 所示是某弧焊机器人工作站的组成。其他工作站的组成与此类似，现仅介绍简单虚拟工作站的构建。

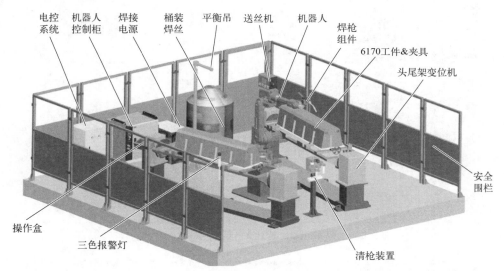

图 4-1 某弧焊机器人工作站的组成

4.1.1 导入机器人

(1) 导入工业机器人的步骤

步骤一：新建工作站。方法 1 见图 4-2，方法 2 见图 4-3。

步骤二：选择机器人模型库。

工业机器人库见图 4-4 和图 4-5。选择"IRB 120"型机器人，见图 4-6 和图 4-7，可选择不同类型的机器人。

在实际中，要根据需求选择具体的机器人型号、承重能力和达到的距离，例如选择 IRB 2600 和 IRB 1200，如图 4-8 与图 4-9 所示。这里以某机电一体化设备中使用的 IRB 120 机器人为例进行介绍。

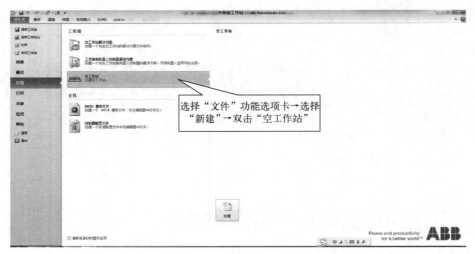

图 4-2 新建工作站方法 1

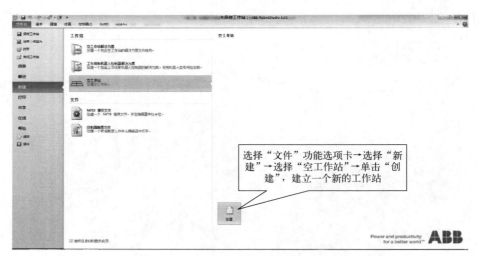

图 4-3 新建工作站方法 2

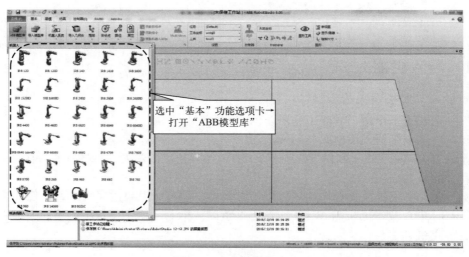

图 4-4 工业机器人库 1

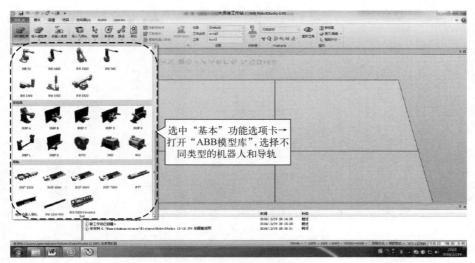

图 4-5　工业机器人库 2

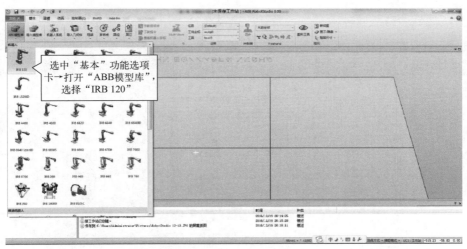

图 4-6　选择 "IRB 120" 型

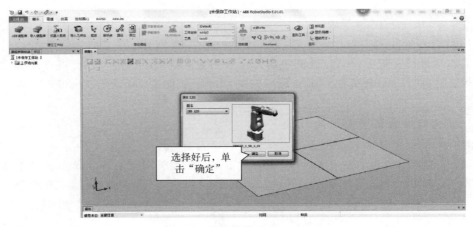

图 4-7　选取机器人 IRB 120

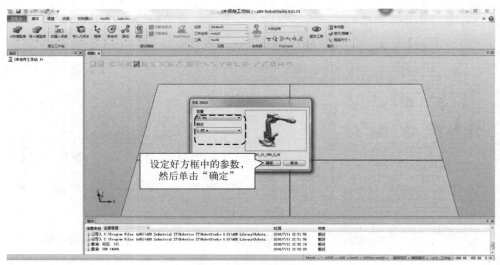

图 4-8 IRB 2600 参数设定

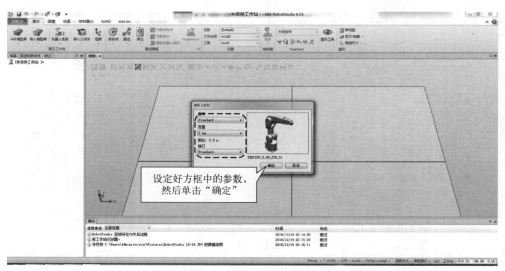

图 4-9 IRB 1200 参数设定

（2）机器人视角调整

在工作站建模过程中，若放置的机器人位置和观察视图不合理，需要进行调整，可以通过键盘和鼠标的按键组合实现工作站视图的调整。平移如图 4-10 所示，360°视角如图 4-11 所示。

（3）加装与卸载机器人工具

步骤一：选中"基本"功能选项卡→打开"导入模型库"，如图 4-12 所示。

步骤二：选择"Training Objects"中的"Pen"加载机器人工具，操作如图 4-13 所示。

步骤三：选择"Pen"机器人工具后，如图 4-14 所示，"Pen"与机器人处于同一个坐标系中。

步骤四：安装工具"Pen"加载到机器人。方法有两种：

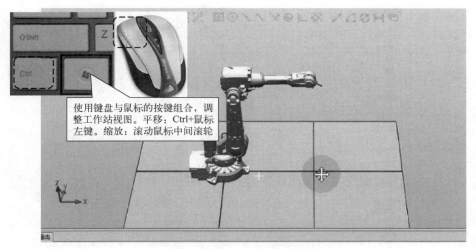

图 4-10　工作站视图平移与缩放

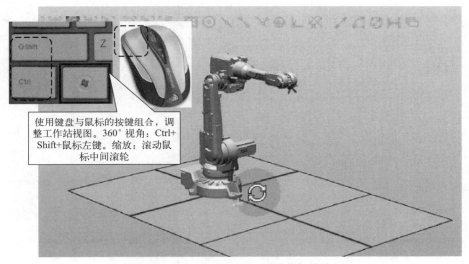

图 4-11　工作站视图 360°视角与缩放

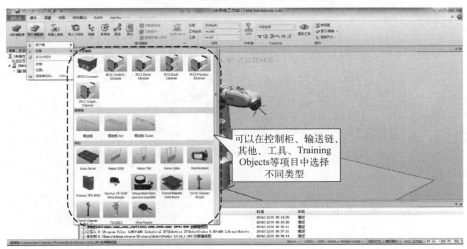

图 4-12　模型库

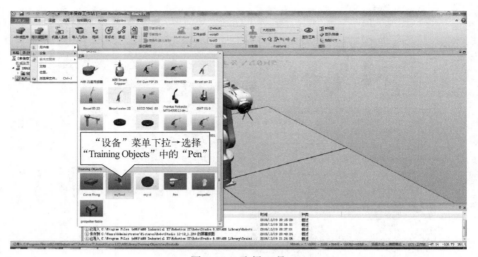

图 4-13　选择工具

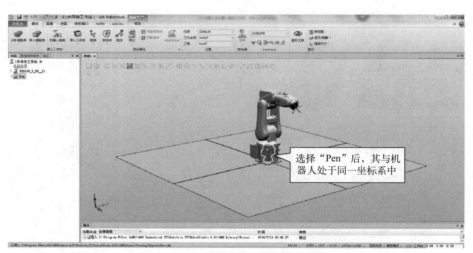

图 4-14　加载 Pen 工具

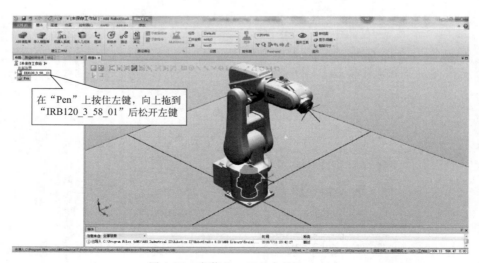

图 4-15　安装 Pen 工具方法 1（一）

一种方法是在"Pen"上按住左键，向上拖到"IRB120_3_58_01"后松开左键并确认，如图 4-15 和图 4-16 所示。

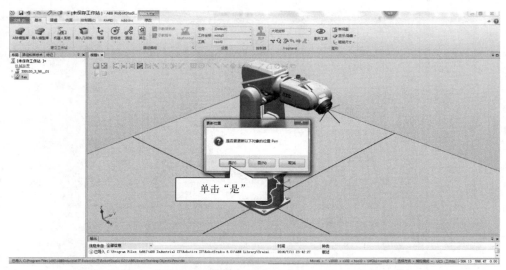

图 4-16　安装 Pen 工具方法 1（二）

另一种方法是在"Pen"上点击右键，在下拉菜单中选择"安装到"，点击下拉菜单"IRB120_3_58_01"并确认，如图 4-17 和图 4-18 所示。

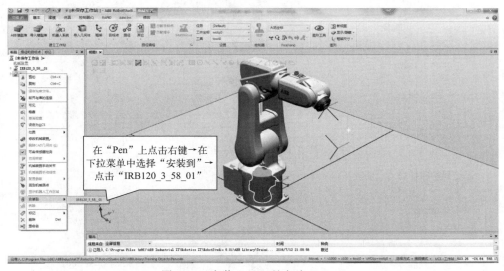

图 4-17　安装 Pen 工具方法 2（一）

步骤四："Pen"加载完成。如图 4-19 所示。

步骤五：卸载"Pen"工具。

选中安装到机器人法兰盘上的工具"Pen"，将工具从法兰盘上拆除，在"Pen"上点击右键→在下拉菜单中选择"拆除"，如图 4-20～图 4-22 所示。

步骤六：删除加载工具。右击鼠标，选中"BinzelTool"下拉菜单，单击"删除"，即完成加载工具删除，随后可以根据上述方法重新加载其他工具，如图 4-23 所示。

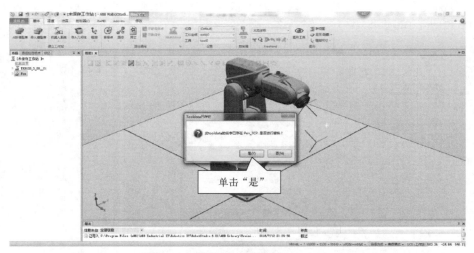

图 4-18　安装 Pen 工具方法 2（二）

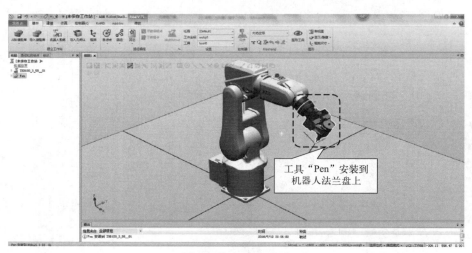

图 4-19　加载完成后

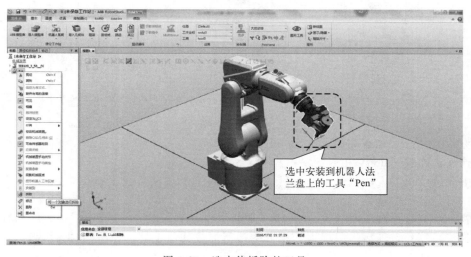

图 4-20　选中待拆除的工具

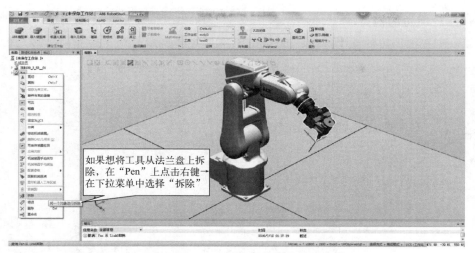

图 4-21　选中拆除菜单

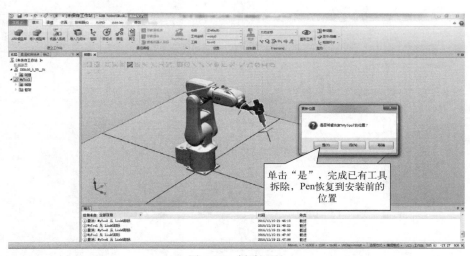

图 4-22　拆除工具

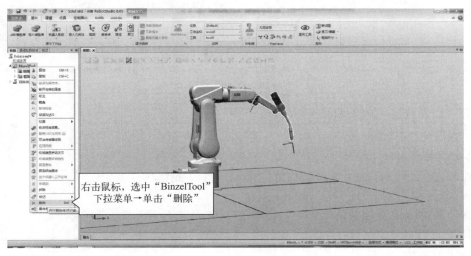

图 4-23　删除工具

（4）摆放周边的模型

步骤一：摆放周边的模型操作，如图 4-24 和图 4-25 所示。

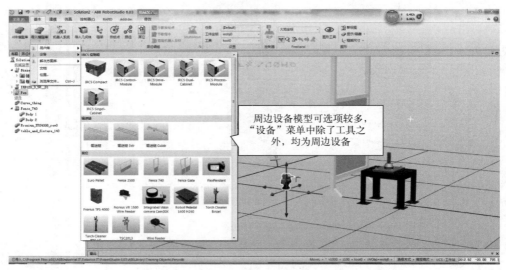

图 4-24　进入设备库

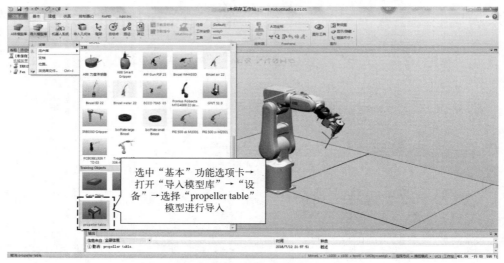

图 4-25　选择所需模型

步骤二：加载后，效果如图 4-26 所示。

（5）移动相应设备

1）显示机器人工作区域

操作如图 4-27、图 4-28 所示。仿真的区域和目的如图 4-29 所示。

2）移动对象

在移动机器人或者加载的工具时，使用 Freehand 工具栏功能，如图 4-30 所示。

平移时如图 4-31 所示，在"Freehand"中选中"大地坐标"并单击"移动"按钮，然后拖动相应的箭头，使设备到达相应的位置。

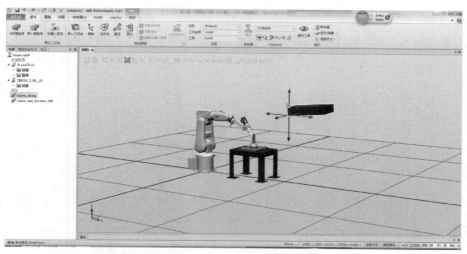

图 4-26　加载后效果

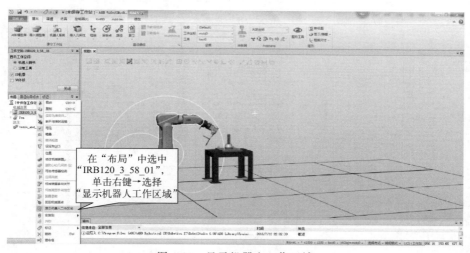

图 4-27　显示机器人工作区域

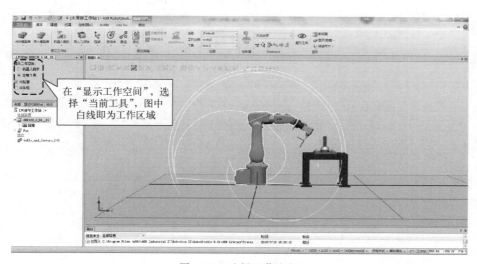

图 4-28　选择工作空间

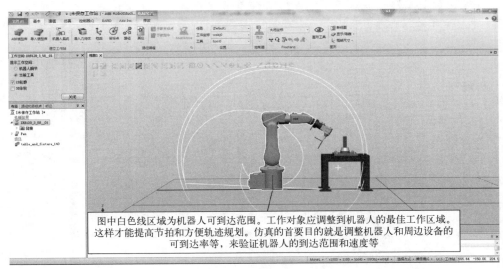

图 4-29　仿真的区域和目的

图 4-30　Freehand 工具

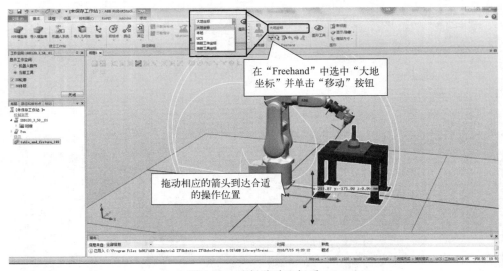

图 4-31　选择移动坐标系

3）模型导入

在"基本"功能选项卡中，选择"导入模型库"，在下拉"设备"列表中选择"Curve Thing"，进行模型导入，如图 4-32 和图 4-33 所示。

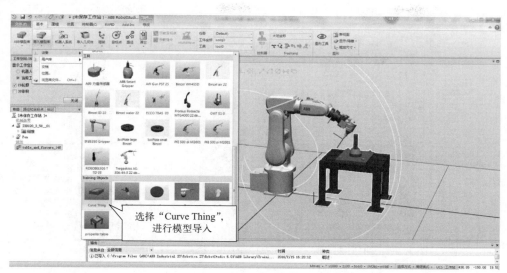

图 4-32　选中 Curve Thing

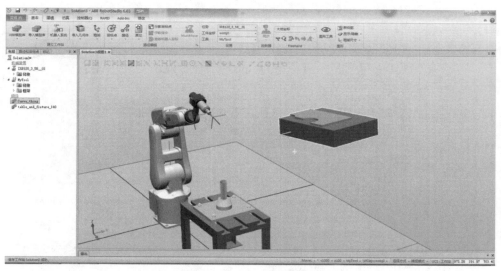

图 4-33　导入 Curve Thing 后

4.1.2　加载物件

在仿真时需要将加载的物件放置到相应的平台上，通常有 5 种方法：一点法、两点法、三点法、框架法、两个框架法。这里我们以两点法为例予以说明。

两点法实施过程，如图 4-34～图 4-41 所示。为了能准确捕捉对象特征，需要正确地选择捕捉工具，如图 4-36～图 4-41 所示。

4.1.3　保存机器人基本工作站

工作站的保存很重要，及时保存可以防止已经建立的工作站意外丢失，其方法有三种，如图 4-42～图 4-45 所示。

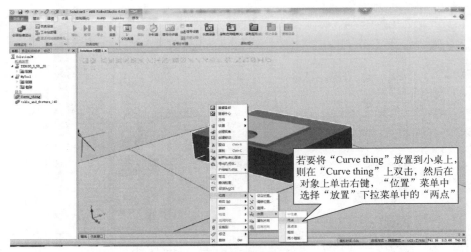

图 4-34　选中两点法（一）

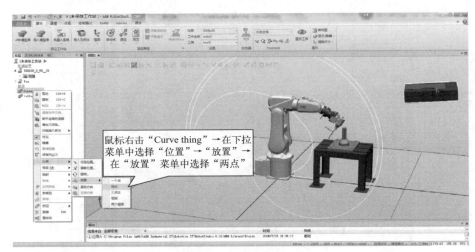

图 4-35　选中两点法（二）

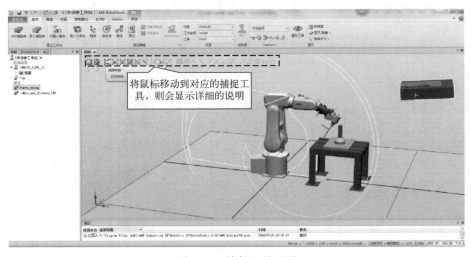

图 4-36　捕捉工具运用

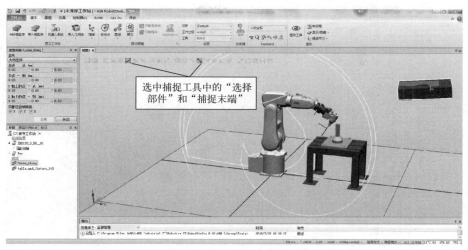

图 4-37　选中捕捉工具类型

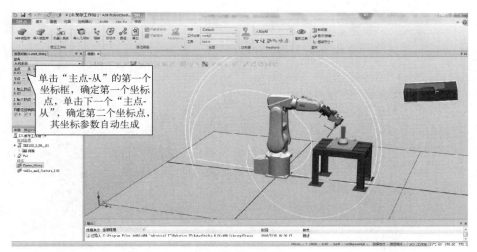

图 4-38　选取坐标点

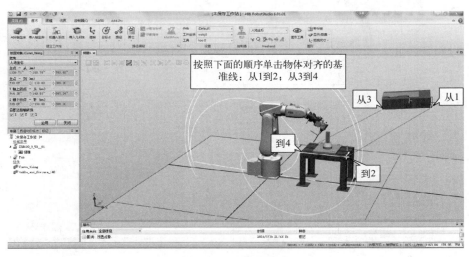

图 4-39　选择基准点

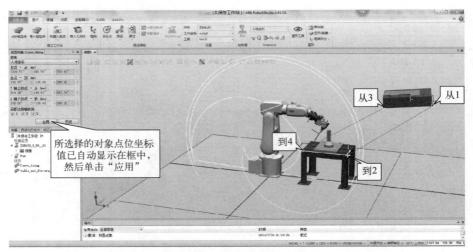

图 4-40　基点选取后应用

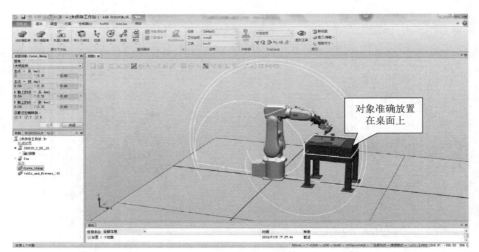

图 4-41　效果图

图 4-42　保存方法 1

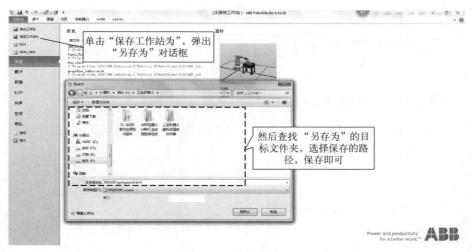

图 4-43　保存方法 2

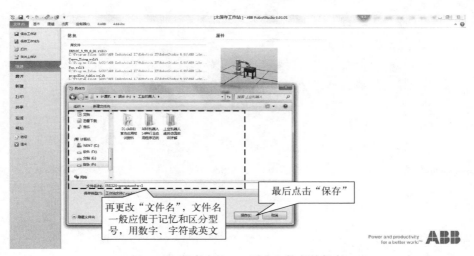

图 4-44　保存方法 3：更改文件名并保存

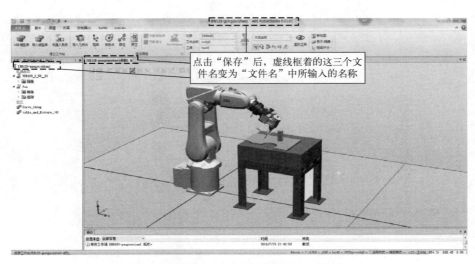

图 4-45　保存方法 3：文件名更改、保存后

4.2 工业机器人系统的建立与手动操纵

4.2.1 建立工业机器人系统操作

在完成了布局后，要为机器人加载系统，建立虚拟的控制器，使其具有电气的特性来完成相关的仿真操作，具体操作见图 4-46～图 4-56。

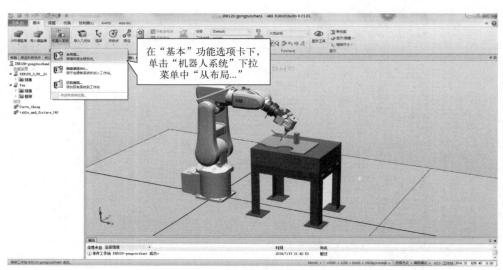

图 4-46　机器人布局

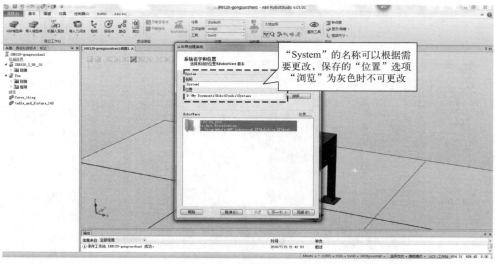

图 4-47　系统名称和位置

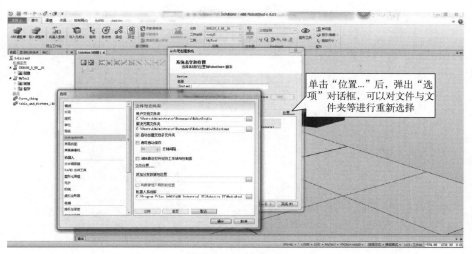

图 4-48　更改位置

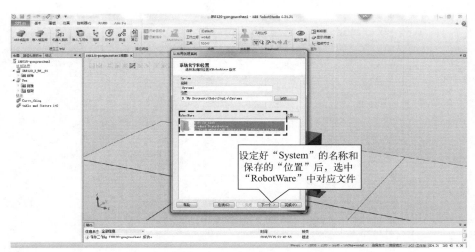

图 4-49　选择对应文件

图 4-50　机械装置选择

图 4-51　配置信息

图 4-52　更改配置信息选项

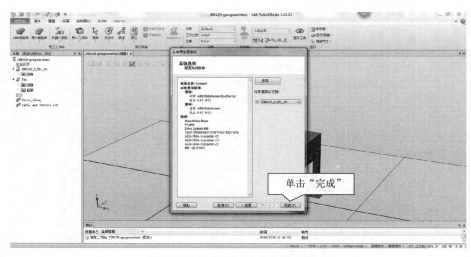

图 4-53　机器人配置参数设置完成

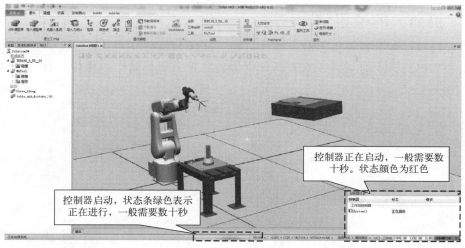

图 4-54　机器人参数配置中

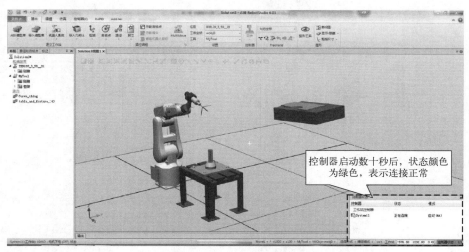

图 4-55　机器人参数配置正常

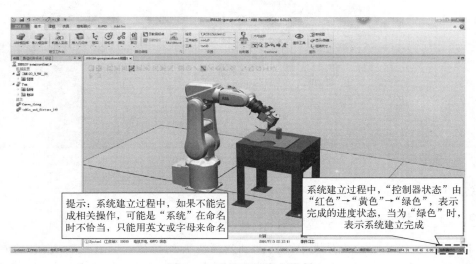

图 4-56　系统配置建立结束

4.2.2　机器人的位置移动

如果在建立工业机器人系统后，发现机器人的摆放位置并不合适，还需要进行调整的话，就要在移动机器人的位置后重新确定机器人在整个工作站中的坐标位置。具体操作如图 4-57～图 4-60 所示。

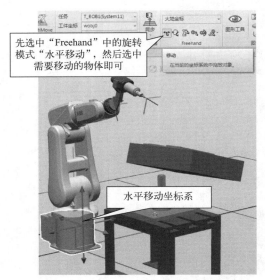

图 4-57　X、Y、Z 三轴方向移动

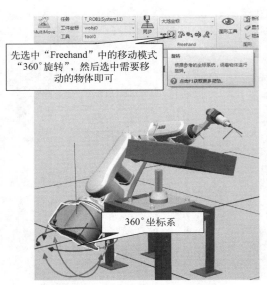

图 4-58　X、Y、Z 轴 360°旋转

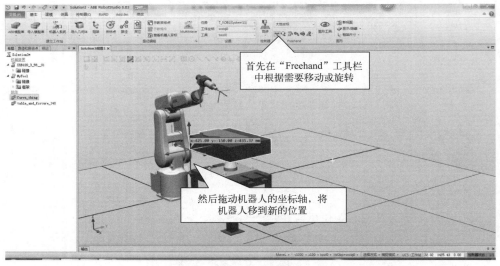

图 4-59　水平移动方式

旋转物体的 360°运动，参照水平移动。

4.2.3　工业机器人的手动操作

在 RobotStudio 中，让机器人手动运动到达所需要的位置，共有三种方式，即手动关节、手动线性和手动重定位，如图 4-61 所示。我们可以通过直接拖动和精确手动两种控制方式来实现。

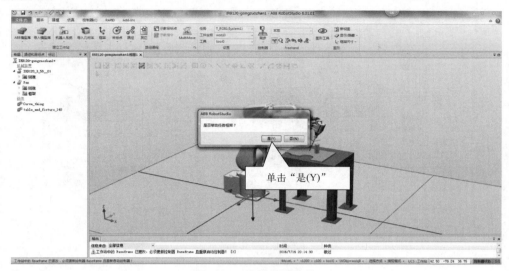

图 4-60　水平移动确认

图 4-61　手动操作三种方式

（1）直接拖动

直接拖动，操作步骤如图 4-62 与图 4-63 所示。

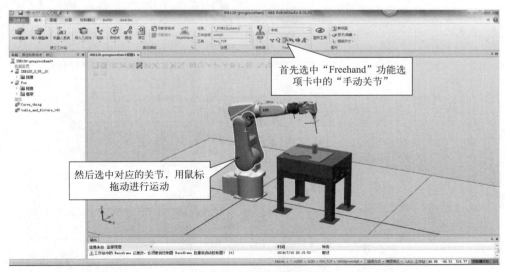

图 4-62　手动关节运动

机器人其他关节（J1 到 J6）的运动，同图 4-62 和图 4-63 所示。

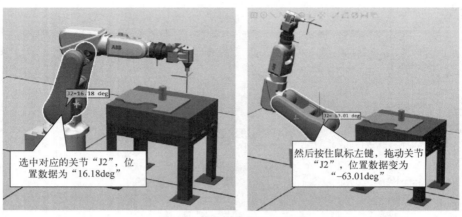

图 4-63　手动关节运动举例

1）线性运动

工业机器人手动线性运动，见图 4-64～图 4-66。

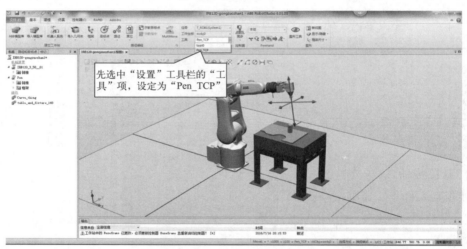

图 4-64　选取运动物体

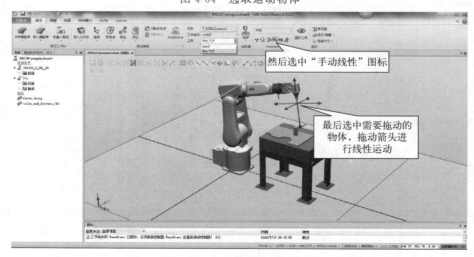

图 4-65　选取并线性拖动物体

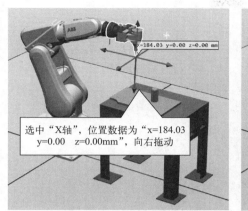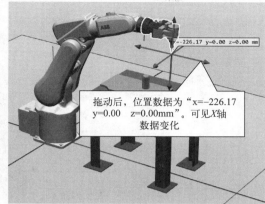

图 4-66　手动线性拖动例子

工具"Pen_TCP"沿"Y 轴"和"Z 轴"的移动与图 4-64 和图 4-66 相似。

2）手动重定位

手动重定位，如图 4-67、图 4-68 所示。

图 4-67　手动重定位

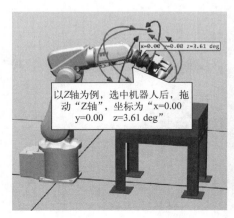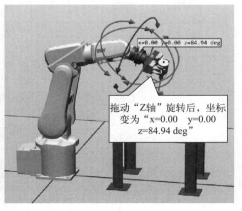

图 4-68　手动重定位举例

（2）精确手动

精确手动，操作步骤如图 4-69～图 4-75 所示。

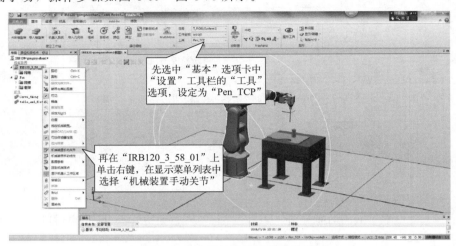

图 4-69　选择机械装置手动关节

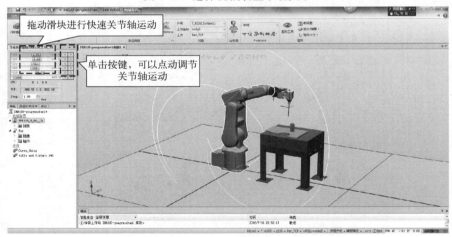

图 4-70　快速移动

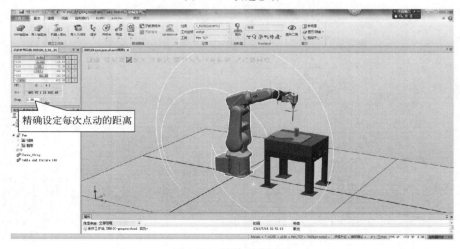

图 4-71　精确设定移动

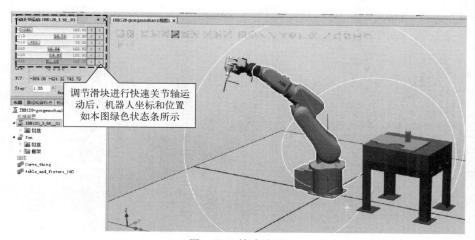

图 4-72　精确移动

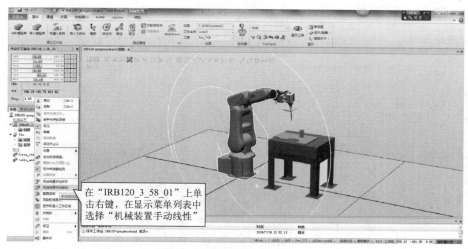

图 4-73　机械装置手动线性

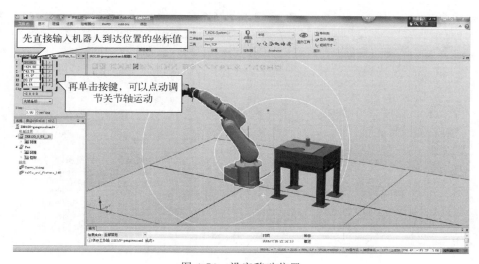

图 4-74　设定移动位置

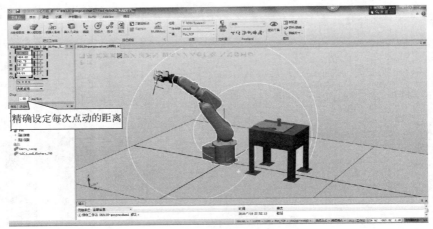

图 4-75　精确设定点动

4.2.4　回机械原点

回到机械原点，操作如图 4-76、图 4-77 所示。

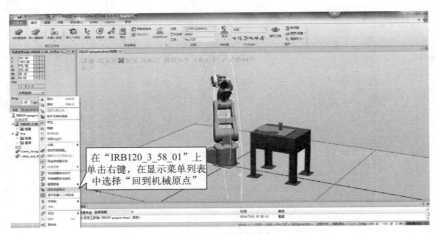

图 4-76　回机械原点

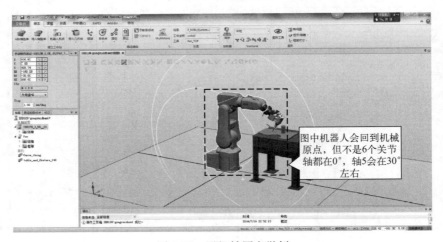

图 4-77　回机械原点举例

4.3　轨迹程序的编制

4.3.1　建立工业机器人工件坐标

与实际的机器人一样，需要在 RobotStudio 中对工件对象建立工件坐标，具体步骤如图 4-78～图 4-85 所示。

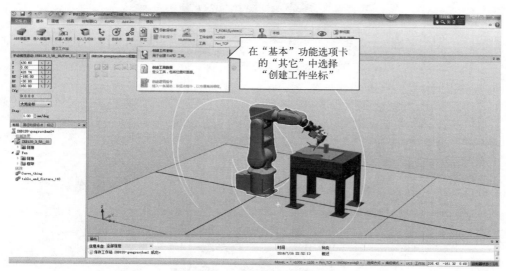

图 4-78　创建坐标系

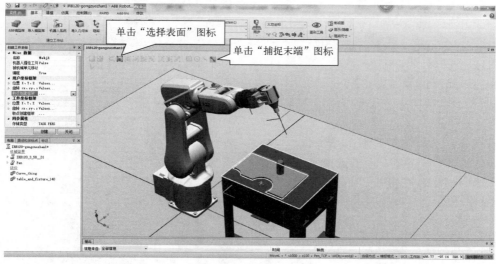

图 4-79　捕捉工具选择

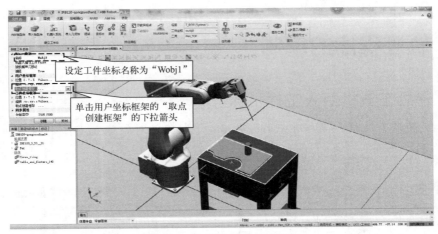

图 4-80　命名及坐标框架选取

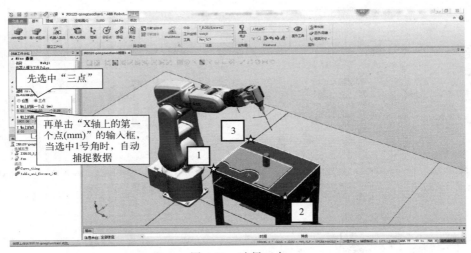

图 4-81　选择三点

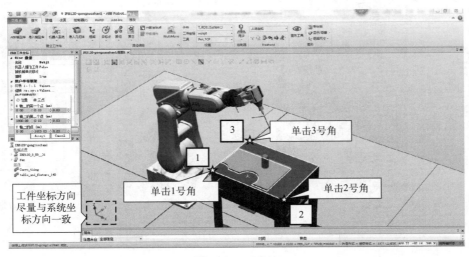

图 4-82　三点法

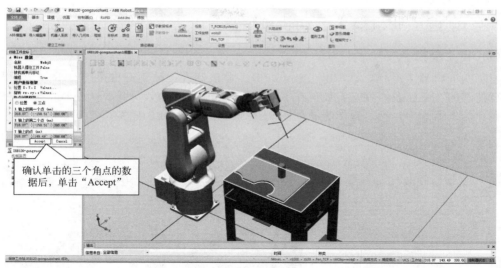

确认单击的三个角点的数据后，单击 "Accept"

图 4-83　参数设定完毕

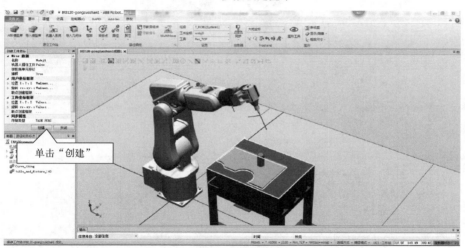

单击 "创建"

图 4-84　创建坐标系

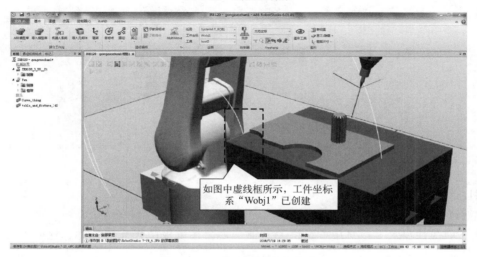

如图中虚线框所示，工件坐标系 "Wobj1" 已创建

图 4-85　工件坐标系建立完成

4.3.2 创建工业机器人运动轨迹程序

(1) 建立步骤

与真实的机器人一样,在 RobotStudio 中工业机器人运动轨迹也是通过 RAPID 程序指令进行控制的。下面我们就来看如何在 RobotStudio 中进行轨迹的仿真,生成的轨迹可以下载到真实的机器人中运行。操作步骤如图 4-86～图 4-100 所示。

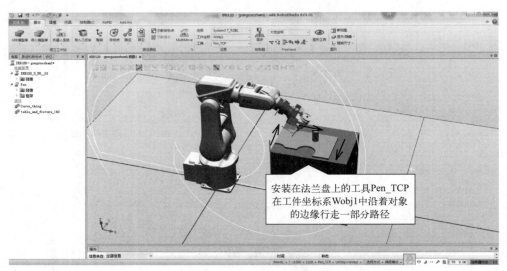

图 4-86　确认 Wobj1 路径

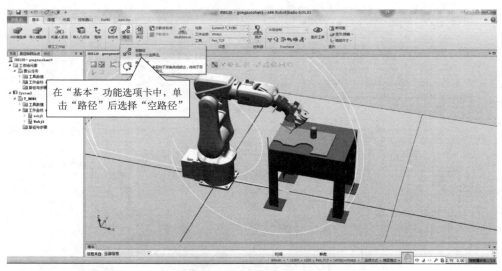

图 4-87　选择空路径

(2) 注意事项

在创建机器人轨迹指令程序时,要注意以下事项:

① 手动线性模式下,要注意观察关节轴是否会接近极限而无法拖动,这时要适当做出姿态的调整。

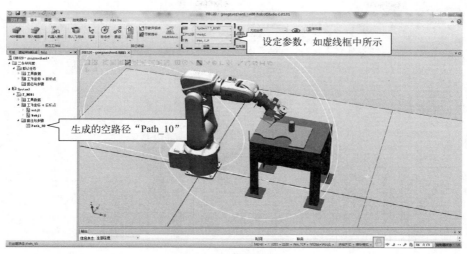

图 4-88　参数设定

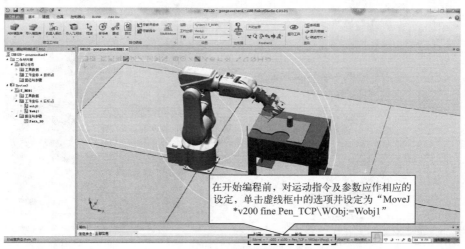

图 4-89　参数解读

图 4-90　设定机器人轨迹 1

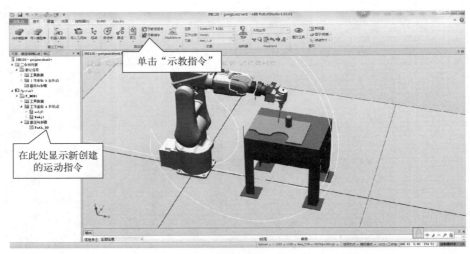

图 4-91　设定机器人轨迹 2

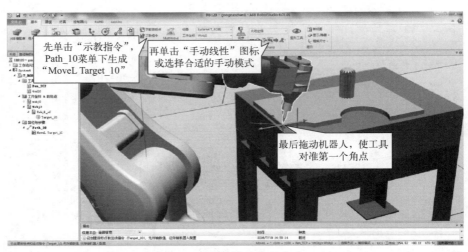

图 4-92　手动线性路径生成 1

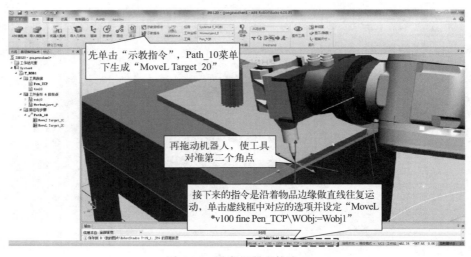

图 4-93　设定机器人轨迹 2

图 4-94　设定机器人轨迹 3

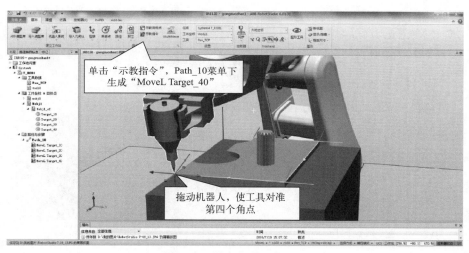

图 4-95　设定机器人轨迹 4

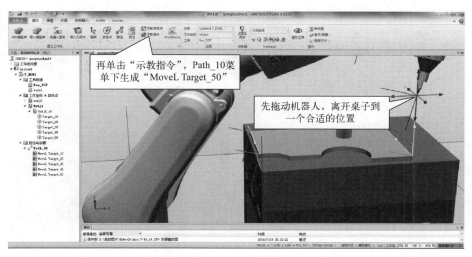

图 4-96　设定机器人轨迹 4

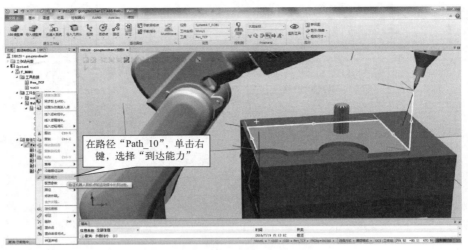

图 4-97　设定机器人轨迹 5

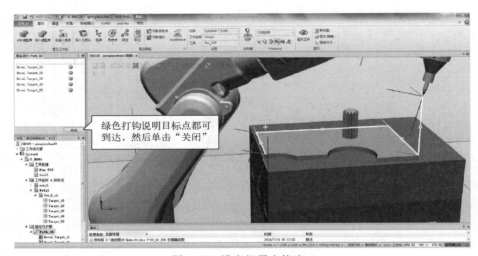

图 4-98　设定机器人轨迹 4

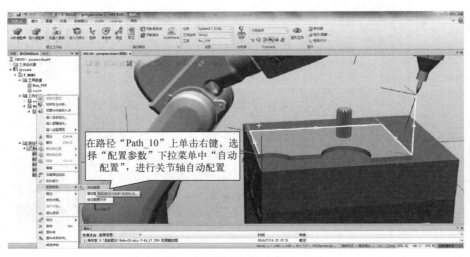

图 4-99　设定机器人轨迹 5

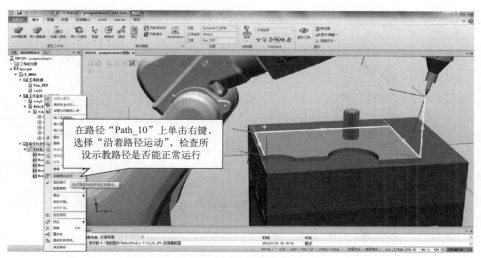

图 4-100　设定机器人轨迹 6

② 在示教轨迹的过程中，如果出现机器人无法到达工件的情况，则适当调整工件的位置再进行示教。

③ 要注意 MoveJ 和 MoveL 指令的使用。可参考相关资料。

④ 在示教的过程中，要适当调整视角，这样可以更好地观察。

4.3.3　机器人仿真运行

（1）仿真运行机器人轨迹

操作步骤如图 4-101～图 4-106 所示。

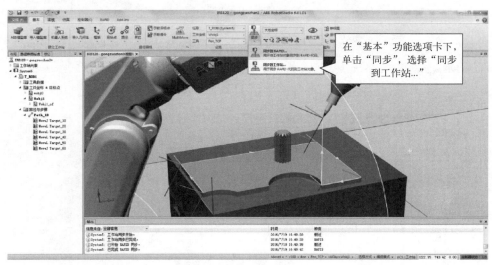

图 4-101　同步到工作站

（2）将机器人的仿真制成视频

可将工作站中的工业机器人运行轨迹或动作录制成视频，以便在没有安装 RobotStudio 软件的情况下查看工业机器人的运行。还可以将工作站制作成 EXE 可执行文件，便于进行更灵活的工作站查看。

图 4-102　设置参数

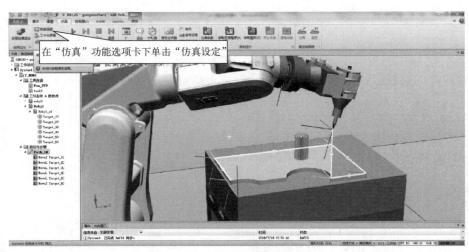

图 4-103　仿真设定

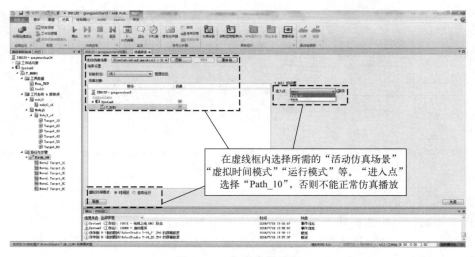

图 4-104　仿真参数设定

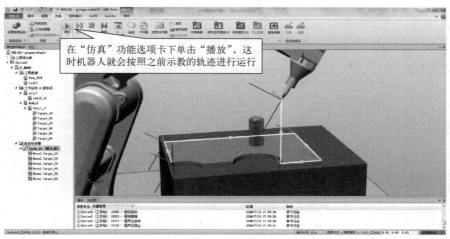

图 4-105　仿真播放

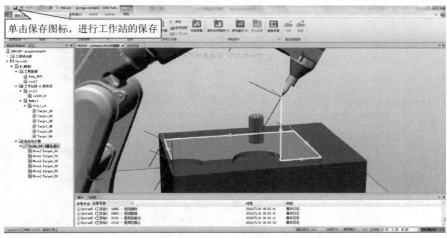

图 4-106　保存仿真视频

1）工作站中工业机器人的运行视频录制

操作步骤如图 4-107～图 4-111 所示。

图 4-107　选择屏幕录像机

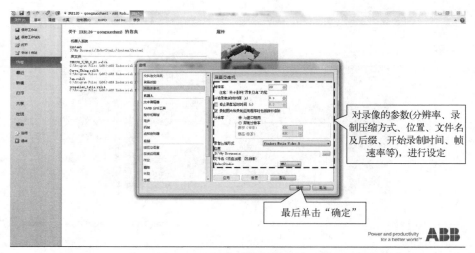

对录像的参数(分辨率、录制压缩方式、位置、文件名及后缀、开始录制时间、帧速率等),进行设定

最后单击"确定"

图 4-108　屏幕录像机参数设置

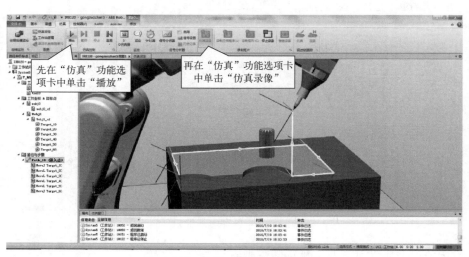

先在"仿真"功能选项卡中单击"播放"

再在"仿真"功能选项卡中单击"仿真录像"

图 4-109　启动"仿真录象"功能

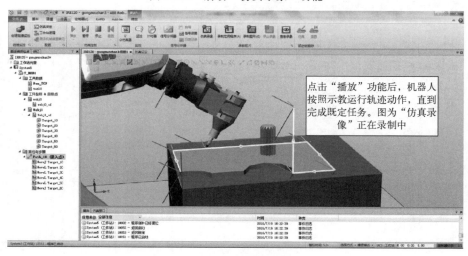

点击"播放"功能后,机器人按照示教运行轨迹动作,直到完成既定任务。图为"仿真录像"正在录制中

图 4-110　仿真录制

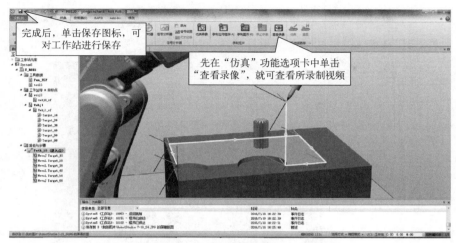

图 4-111　录制结束

2）工作站运行文件只有 EXE 文件

操作步骤如图 4-112～图 4-115 所示。

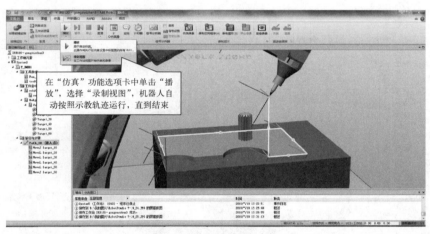

图 4-112　录制播放功能

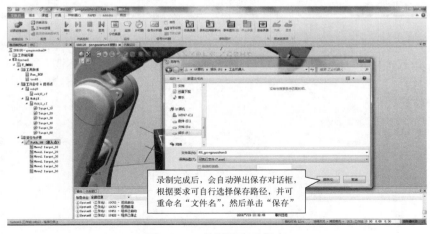

图 4-113　录制结束后保存

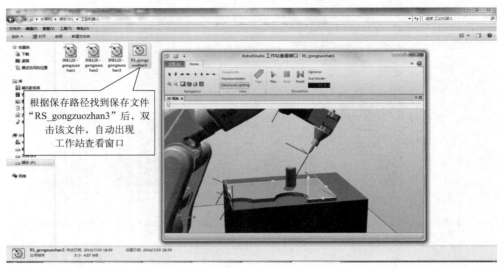

图 4-114　保存后的路径目标

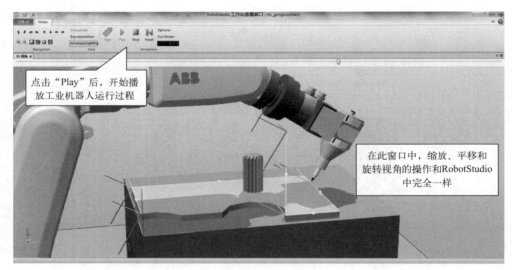

图 4-115　播放所录制视频

　　为了提高各版本的兼容性，在 RobotStudio 中做任何保存的操作时，保存的路径和文件名最好使用英文字符。

第5章

工业机器人故障的维修与调整

5.1 认识工业机器人的故障维修

5.1.1 工业机器人故障产生的规律

（1）工业机器人性能或状态

工业机器人在使用过程中，其性能或状态随着使用时间的推移而逐步下降，呈现如图 5-1 所示的曲线。很多故障发生前会有一些预兆，即所谓潜在故障，其可识别的物理参数表明一种功能性故障即将发生。功能性故障表明工业机器人丧失了规定的性能标准。

图 5-1 中"P"点表示性能已经恶化，并发展到可识别潜在故障的程度。这可能表明金属疲劳的一个裂纹将导致零件折断；可能是振动，表明即将发生轴承故障；可能是一个过热点，表明电动机将损坏；可能是一个齿轮齿面过多的磨损等。"F"点表示潜在故障已变成功能故障，即它已质变到损坏的程度。P-F 间隔，就是从潜在故障的显露到转变为功能性故障的时间间隔。各种故障的 P-F 间隔差别很大，可由几秒到好几年，突发故障的 P-F 间隔就很短。较长的间隔意味着有更多的时间来预防功能性故障的发生，此时如果积极主动地寻找潜在故障的物理参数，以采取新的预防技术，就能避免功能性故障，争得较长的使用时间。

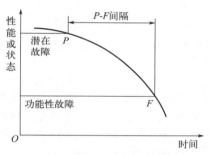

图 5-1 设备性能或状态曲线

（2）机械磨损故障

在工业机器人使用过程中，由于运动机件相互产生摩擦，表面产生刮削、研磨，加上化学物质的侵蚀，就会造成磨损。磨损过程大致分为下述三个阶段。

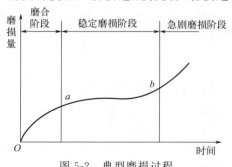

图 5-2 典型磨损过程

1）磨合阶段

多发生于新设备启用初期，主要特征是摩擦表面的凸峰、氧化皮、脱炭层很快被磨去，使摩擦表面更加贴合，这一过程时间不长，而且对工业机器人有益，通常称为"磨合"，如图 5-2 的 Oa 段。

2）稳定磨损阶段

由于跑合的结果使运动表面工作在耐磨层，而且相互贴合，接触面积增加，单位接触面上的应力减小，因而磨损增加缓慢，可以持续很长时间，如

图 5-2 所示的 *ab* 段。

3）急剧磨损阶段

随着磨损逐渐积累，零件表面抗磨层的磨耗超过极限程度，磨损速率急剧上升。理论上将正常磨损的终点作为合理磨损的极限。

根据磨损规律，工业机器人的修理应安排在稳定磨损终点 *b* 为宜。这时，既能充分利用原零件性能，又能防止急剧磨损出现。也可稍有提前，以预防急剧磨损，但不可拖后。若使工业机器人带病工作，势必带来更大的损坏，造成不必要的经济损失。在正常情况下，*b* 点的时间一般为 7～10 年。

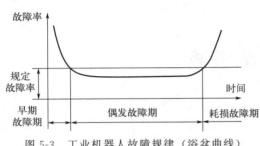

图 5-3　工业机器人故障规律（浴盆曲线）

（3）工业机器人故障率曲线

与一般设备相同，工业机器人的故障率随时间变化的规律可用图 5-3 所示的浴盆曲线（也称失效率曲线）表示。整个使用寿命期，根据工业机器人的故障率大致分为 3 个阶段，即早期故障期、偶发故障期和耗损故障期。

1）早期故障期

这个时期工业机器人故障率高，但随着使用时间的增加迅速下降。这段时间的长短，因产品、系统的设计与制造质量而异，约为 10 个月。工业机器人使用初期之所以故障频繁，原因大致如下。

① 机械部分：工业机器人虽然在出厂前进行过磨合，但时间较短，而且主要是齿轮之间进行磨合。由于零件的加工表面存在着微观的和宏观的几何形状偏差，部件的装配可能存在误差，因而，在工业机器人使用初期会产生较大的磨合磨损，使设备相对运动部件之间产生较大的间隙，导致故障的发生。

② 电气部分：工业机器人的控制系统使用了大量的电子元器件，这些元器件虽然在制造厂经过了严格的筛选和整机考机处理，但在实际运行时，由于电路的发热，交变负荷、浪涌电流及反电势的冲击，性能较差的某些元器件经不住考验，因电流冲击或电压击穿而失效，或特性曲线发生变化，从而导致整个系统不能正常工作。

③ 液压部分：若出厂后运输及安装阶段的时间较长，使得液压系统中某些部位长时间无油，气缸中润滑油干涸，而油雾润滑又不可能立即起作用，则油缸或气缸可能产生锈蚀。此外，新安装的空气管道若清洗不干净，一些杂物和水分也可能进入系统，造成液压气动部分的初期故障。

除此之外，还有元件、材料等方面的原因会造成早期故障，这个时期一般在保修期以内。因此，购买工业机器人后，应尽快使用，使早期故障尽量显示在保修期内。

2）偶发故障期

工业机器人在经历了初期的各种老化、磨合和调整后，开始进入相对稳定的偶发故障期，即正常运行期。正常运行期约为 7～10 年。在这个阶段，故障率低而且相对稳定，近似常数。偶发故障是由偶然因素引起的。

3）耗损故障期

耗损故障期出现在工业机器人使用的后期，其特点是故障率随着运行时间的增加而升高。出现这种现象的基本原因是工业机器人的零部件及电子元器件经过长时间的运行，由于疲劳、磨损、老化等原因，使用寿命已接近完结，从而处于频发故障状态。

工业机器人故障率曲线变化的三个阶段，真实地反映了从磨合、调试、正常工作到大修或报废的故障率变化规律。加强工业机器人的日常管理与维护保养，可以延长偶发故障期。

准确地找出拐点，可避免过剩修理或修理范围扩大，以获得最佳的投资效益。

（4）工业机器人故障分类

1）按机器人系统发生故障的部件分类

按发生故障的部件不同，机器人故障可分为机械故障和电气故障。

① 机械故障。机械故障主要发生在机器人的机械本体部分，如润滑部分、各个关节、电机、减速机、机械手等。

常见的机械故障有：由机械安装、调试及操作不当等原因引起的机械传动故障。通常表现为各轴处有异响、动作不连贯等。例如，电机或减速机被撞坏、带或齿轮有磨损、电机或减速机参数设置不当等原因均可造成以上故障。

尤其应引起重视的是，机器人各个轴标明的注油点（注油孔）须定时、定量加注润滑油（脂），这是机器人正常运行的保证。

② 电气故障。电气故障可分为弱电故障与强电故障。

弱电故障主要指主控制器、伺服单元、安全单元、输入/输出装置等电子电路发生的故障。它又可分为硬件故障与软件故障。硬件故障是指上述各装置的集成电路芯片、分立元件、接插件以及外部连接组件等发生的故障。软件故障主要是指加工程序出错、系统程序和参数改变或丢失、系统运算出错等。

强电故障是指继电器、接触器、开关、熔断器、电源变压器、电磁铁、外围行程开关等元器件，以及由其所组成的电路所发生的故障。这部分故障十分常见，必须引起足够的重视。

2）按机器人发生故障的性质分类

按发生故障的性质不同，机器人故障可分为系统性故障和随机性故障。

① 系统性故障。系统性故障是指只要满足一定的条件或超过某一设定，工作中的机器人必然会发生的故障。这一类故障现象极为常见。例如，电池电量不足或电压不够时必然会发生控制系统故障报警；润滑油（脂）需要更换而导致机器人关节转动异常，机器人检测到力矩等参数超过理论值时必然会发生报警；机器人在工作时力矩过大或焊接时电流过高而超过某一限值时，必然会发生末端执行器功能的报警。因此，正确使用与精心维护机器人是杜绝或避免这类系统性故障的切实保障。

② 随机性故障。随机性故障是指机器人在同样的条件下工作时偶然发生的一次或两次故障。有的文献中称此为"软故障"。由于随机性故障是在条件相同的状态下偶然发生的，因此，其原因分析与故障诊断较为困难。一般而言，这类故障的发生往往与安装质量、参数设定、元器件品质、操作失误、维护不当及工作环境等诸因素有关。例如：连接插头没有拧紧、制作插头时出现虚焊等现象、线缆没有整理好或线缆质量不过关等都会引起随机性故障。

3）按机器人发生故障的原因分类

按发生故障的原因不同，机器人故障可分为机器人自身故障和外部故障。

① 机器人自身故障。机器人自身故障是由机器人自身原因引起的，与外部使用环境无关。机器人所发生的绝大多数故障均属该类故障，主要指的是机器人本体、控制柜、示教器发生了故障。

② 机器人外部故障。机器人外部故障是由外部原因造成的。例如，机器人的供电电压过低、电压波动过大、电压相序不对或三相电压不平衡，环境温度过高，有害气体、潮气、粉尘侵入数控系统，外来振动和干扰等均有可能使机器人发生故障。

人为因素也可造成这类故障。例如，操作不当，发生碰撞后过载报警；操作人员不按时按量加注润滑油，造成传动噪声等。据有关资料统计，首次使用机器人或由技能不熟练的工人来操作机器人时，在第一年内，由于操作不当所造成的外部故障要占 1/3 以上。

除上述常见分类外，机器人故障还可按故障发生时有无破坏性分为破坏性故障和非破坏性故障；按故障发生的部位不同分为机器人本体故障、控制系统故障、示教器故障、外围设备故障等。

5.1.2 工业机器人故障诊断技术

(1) 直观诊断技术

由维修人员凭借感觉器官对工业机器人进行问、看、听、触、嗅等的诊断，称为"实用诊断技术"，实用诊断技术有时也称为"直观诊断技术"。

1) 问

弄清故障是突发的还是渐发的，工业机器人开动时有哪些异常现象。对比故障前后工件的精度和表面粗糙度，以便分析故障产生的原因。弄清传动系统是否正常，出力是否均匀，背吃刀量和进给量是否减小等。弄清润滑油品牌号是否符合规定，用量是否适当。弄清工业机器人何时进行过保养检修等。

2) 看

① 看转速。观察主传动速度的变化。如：带传动的线速度变慢，原因可能是传动带过松或负荷太大。对主传动系统中的齿轮，主要看它是否跳动、摆动。对传动轴主要看它是否弯曲或晃动。

② 看颜色。齿轮运转不正常，就会发热。长时间升温会使工业机器人外表颜色发生变化，大多呈黄色。油箱里的油也会因温升过高而变稀，颜色变样；有时也会因久不换油、杂质过多或油变质而变成深墨色。当然，工业机器人外表颜色发生变化也可能是特殊应用的工业机器人没有做好防护而引起的，比如在喷涂工业机器人上常会出现这种现象。

③ 看伤痕。工业机器人零部件碰伤损坏部位很容易发现，若发现裂纹，应作记号，隔一段时间后再比较它的变化情况，以便进行综合分析。

④ 看工件。对于工业加工机器人，若工件表面粗糙度 Ra 数值大，甚至出现波纹，则可能是工业机器人齿轮啮合不良造成的。

⑤ 看变形。观察工业机器人的坐标轴是否变形、第 6 轴是否跳动。

⑥ 看油箱。主要观察油是否变质，确定其能否继续使用。

3) 听

一般运行正常的工业机器人，其声响具有一定的音律和节奏，并保持持续的稳定。

4) 触

① 温升。人的手指触觉是很灵敏的，能相当可靠地判断各种异常的温升，其误差可准确到 3~5℃。

② 振动。轻微振动可用手感鉴别。至于振动的大小，可找一个固定基点，用一只手去同时触摸便可以比较出振动的大小，特别是在第 6 轴上。

③ 伤痕和波纹。肉眼看不清的伤痕和波纹，若用手指去摸则可很容易地感觉出来。摸的方法是：对圆形零件要沿切向和轴向分别去摸；对平面则要左右、前后均匀去摸；摸时不能用力太大，只轻轻把手指放在被检查面上接触便可，特别是对于新进或刚安装的工业机器人。

④ 爬行。用手摸可直观地感觉出来。这种情况在现代工业机器人上出现得不是太多，但在应用丝杠、液压及钢丝传动的工业机器人上出现得就很多了。

⑤ 松或紧。对于 KUKA 工业机器人，卸开其防护后，用手转动轴或同步齿形带，即可感到接触部位的松紧是否均匀适当。

5）嗅

对于剧烈摩擦或电器元件绝缘破损短路，使附着的油脂或其他可燃物质发生氧化蒸发或燃烧而产生油烟气、焦糊气等异味，应用嗅觉诊断的方法可收到较好的效果。

（2）故障诊断方法

1）观察检查法

① 预检查。预检查是指维修人员根据自身经验，判断最有可能发生故障的部位，然后进行故障检查，进而排除故障。若能在预检查阶段就确定故障部位，可显著缩短故障诊断时间。有一些常见故障在预检查中即可被发现并及时排除。

② 连接检查。我国工业用电的电网波动较大，而电源是控制系统能源的主要供应部分，电源不正常，控制系统的工作必然异常。

对于机器人上所有的电缆在维修前应进行严格检查，看其屏蔽、隔离是否良好；按机器人技术手册对接地进行严格测试；检查各电路板之间的连接是否正确、接口电缆是否符合要求。

2）参数检查法

机器人系统中有很多参数变量，这些是经过理论计算并通过一系列试验、调整而获得的重要数据，是保证机器人正常运行的前提条件。各参数变量一般存放于机器人的存储器中，一旦电池电量不足或受到外界的干扰等，可能会导致部分参数变量丢失或变化，使机器人无法正常工作。因此，检查和恢复机器人的参数，是维修中行之有效的方法之一。

3）部件替换法

现代机器人系统大都采用模块化设计，按功能不同划分为不同的模块。电路的集成规模越来越大，技术也越来越复杂，按照常规的方法，很难将故障定位在一个很小的区域。在这种情况下，利用部件替换法可快速找到故障，缩短停机时间。

部件替换法是在大致确认了故障范围，并确认外部条件完全相符的情况下，利用相同的电路板、模块或元器件来替代怀疑目标。如果故障现象仍然存在，说明故障与所怀疑目标无关；若故障消失或转移，则说明怀疑目标正是故障部分。

部件替换法是电气修理中常用的一种方法，其主要优点是简单易行，能把故障范围缩小到相应的部件上，但如果使用不当，也会带来很多麻烦，造成人为故障，因此，正确使用部件替换法可提高维修工作效率和避免人为故障。

除了上面介绍到的三种主要使用的方法，维修方法还有隔离法、升降温法、测量对比法等方法，维修人员在实际应用时应根据不同的故障现象加以灵活应用，逐步缩小故障范围，最终排除故障。

5.1.3　工业机器人故障维修的原则、事前准备与维修思路

（1）工业机器人故障维修的原则

1）先外部后内部

工业机器人是机械、液压、电气一体化的设备，故其故障的发生必然要从机械、液压、电气这三者综合反映出来。工业机器人的检修要求维修人员掌握先外部后内部的原则，即当工业机器人发生故障后，维修人员应先采用望、闻、听、问等方法，由外向内逐一进行检查。比如：工业机器人的行程开关、按钮开关、液压气动元件以及印制线路板插头座、边缘接插件与外部或相互之间的连接部位、电控柜插座或端子排这些机电设备之间的连接部位，因其接触不良而造成信号传递失灵，是产生工业机器人故障的重要因素。此外，工业环境中温度、湿度的较大变化，以及油污或粉尘对元件及线路板的污染、机械的振动等，对于信号传送通道的接插件都将产生严重影响。在检修中重视这些因素，首先检查这些部位就可以迅

速排除较多的故障。另外，尽量避免随意地启封、拆卸。不适当地大拆大卸，往往会扩大故障，使工业机器人大伤元气，丧失精度，降低性能。

2）先机械后电气

由于工业机器人是一种自动化程度高、技术复杂的先进机械加工设备，机械故障一般较易察觉，而控制系统故障的诊断难度则要大些。先机械后电气就是首先检查机械部分是否正常，行程开关是否灵活，气动、液压部分是否存在阻塞现象等。因为工业机器人的故障中有很大部分是由机械动作失灵引起的，所以，在故障检修之前，首先注意排除机械性的故障，往往可以达到事半功倍的效果。

3）先静后动

维修人员本身要做到先静后动，不可盲目动手，应先询问工业机器人操作人员故障发生的过程及状态，阅读工业机器人说明书、图样资料后，方可动手查找、处理故障。其次，对有故障的工业机器人也要本着先静后动的原则，先在工业机器人断电的静止状态，通过观察、测试、分析，确认为非恶性循环性故障或非破坏性故障后，方可给工业机器人通电，在运行工况下，进行动态的观察、检验和测试，查找故障；而对恶性的破坏性故障，必须先行处理排除危险后，方可进入通电，在运行工况下进行动态诊断。

4）先公用后专用

公用性的问题往往影响全局，而专用性的问题只影响局部。如工业机器人的几个进给轴都不能运动，这时应先检查和排除各轴公用的控制系统、电源、液压等公用部分的故障，然后再设法排除某轴的局部问题。又如电网或主电源故障是全局性的，因此一般应首先检查电源部分，看看断路器或熔断器是否正常、直流电压输出是否正常。总之，只有先解决影响一大片的主要矛盾，局部的、次要的矛盾才有可能迎刃而解。

5）先简单后复杂

当出现多种故障互相交织掩盖、一时无从下手时，应先解决容易的问题，后解决较复杂的问题。常常在解决简单故障的过程中，难度大的问题也能变得容易，或者在排除简单故障时受到启发，对复杂故障的认识更为清晰，从而也有了解决办法。

6）先一般后特殊

在排除某一故障时，要先考虑最常见的可能原因，然后再分析很少发生的特殊原因。

7）先动口再动手

对于有故障的电气设备，不应急于动手，应先询问产生故障的前后经过及故障现象。对于生疏的设备，还应先熟悉电路原理和结构特点，遵守相应规则。拆卸前要充分熟悉每个电气部件的功能、位置、连接方式以及与周围其他器件的关系，在没有组装图的情况下，应一边拆卸，一边画草图，并记上标记。

8）先清洁后维修

对污染较重的电气设备，先对其按钮、接线点、接触点进行清洁，检查外部控制键是否失灵。许多故障都是由脏污及导电尘块引起的，一经清洁，故障往往会排除。

9）先软件后硬件

当发生故障的机器人通电后，应先检查控制系统的工作是否正常，因为有些故障可能是由系统中参数丢失，或者操作人员的使用方式、操作方法不当造成的。切忌一上来就大拆大卸，以免造成更严重的后果。

10）先电源后设备

电源部分的故障在整个设备故障中占的比例很高，所以先检修电源往往可以事半功倍。

11）先外围后内部

先不要急于更换损坏的电气部件，在确认外围设备电路正常时，再考虑更换损坏的电气部件。

12）先直流后交流

检修时，必须先检查直流回路静态工作点，再检查交流回路动态工作点。

13）先故障后调试

对于调试和故障并存的电气设备，应先排除故障，再进行调试。调试必须在电气线路正常的前提下进行。

（2）维修前的准备

接到用户的直接要求后，应尽可能直接与用户联系，以便尽快地获取现场信息、现场情况及故障信息，如工业机器人的报警指示或故障现象、用户现场有无备件等。据此预先分析可能的故障原因与部位，而后在出发到现场之前，准备好有关的技术资料与维修服务工具、仪器备件等，做到有备而去。

每台工业机器人都应设立维修档案（表 5-1），对出现过的故障现象、时间、诊断过程、故障的排除做出详细的记录，就像医院的病历一样。这样做的好处是给以后的故障诊断带来很大的方便和借鉴，有利于工业机器人的故障诊断。

表 5-1　某单位工业机器人维修档案

某单位工业机器人维修档案		时间	年	月	日	
设备名称			控制系统维修		年	次
目的	故障　维修　改造		维修者			
			编号			
理由						
此表由维修单位填						
维修单位名称			承担者名			
故障现象及部位						
原因						
排除方法						
再次发生	预见			有　无　其他		
	使用者要求					
年　月　日						
费用	无偿　有偿					
内容	零件名	修理费	交通费	其他	停机时间	
对修理要求的处理						

这里应强调实事求是，特别是涉及操作者失误造成的故障，应详细记载。这只作为故障诊断的参考，而不能作为对操作者惩罚的依据，否则，操作者不如实记录，只能产生恶性循环，造成不应有的损失。这是故障诊断前的准备工作的重要内容，没有这项内容，故障诊断将进行得很艰难，造成的损失也是不可估量的。

（3）机器人故障的排除思路

机器人发生故障后，其故障诊断与排除思路大体是相同的，主要应遵循以下几个步骤。

1）调查故障现场

当机器人发生故障时，维护维修人员对故障的确认是很有必要的，特别是在操作使用人员不熟悉机器人的情况下。此时，不应该也不能让非专业人士随意开动机器人，以免故障进一步扩大。

在机器人出现故障后，维护维修人员也不要急于动手处理。首先，要查看故障记录，向操作人员询问故障出现的全过程；其次，在确认通电对机器人系统无危险的情况下，再通电亲自观察。特别要注意以下故障信息。

① 在故障发生时，报警号和报警提示是什么？有哪些指示灯和发光管报警？

② 如无报警，机器人处于何种工作状态？机器人的工作方式和诊断结果如何？

③ 故障发生在哪个功能下？故障发生前进行了何种操作？

④ 故障发生时，机器人在哪个位置上？姿态有无异常？

⑤ 以前是否发生过类似故障？现场有无异常现象？故障能否重复发生？

⑥ 机器人的外观、内部各部分是否有异常之处？

2）明确故障的复杂程度

列出故障部位的全部疑点，在充分调查和现场掌握第一手材料的基础上，把故障部位的全部疑点正确地罗列出来。

3）分析故障原因

在分析故障原因时，维修人员不应仅局限于某一部分，而要对机器人机械、电气、软件系统等方面都做详细的检查，并进行综合判断，制定出排除故障的方案，以达到快速确诊和高效率排除故障的目的。

4）检测故障

根据预测的故障原因和预先确定的排除方案，用试验的方法进行验证，逐级来定位故障部位，最终找出发生故障的真正部位。为了准确、快速地定位故障，应遵循"先方案后操作"的原则。

5）实现故障的排除

根据故障部位及发生故障的准确原因，采用合理的故障排除方法，高效、高质量地修复机器人系统，尽快让机器人投入生产。

6）解决故障后整理资料

故障排除后，应迅速恢复机器人现场，并做好相关资料的整理、总结工作，以便提高自己的业务水平，方便机器人的后续维护和维修。

5.1.4 工业机器人的维修管理

(1) 工业机器人管理的任务及内容

工业机器人管理工作的任务概括为"三好"，即"管好、用好、修好"。

1）管好工业机器人

企业经营者必须管好本单位所拥有的工业机器人，即掌握工业机器人的数量、质量及其变动情况，合理配置工业机器人。严格执行关于设备的移装、调拨、借用、出租、封存、报废、改装及更新的有关管理制度，保证财产的完整齐全，保持其完好和价值。操作工必须管好自己使用的机床，未经上级批准不准他人使用，杜绝无证操作现象。

2）用好工业机器人

企业管理者应教育本部门工人正确使用和精心维护机器人，安排生产时应根据机床的能力，不得有超性能和拼设备之类的短期化行为。操作工必须严格遵守操作维护规程，不超负荷使用及采取不文明的操作方法，认真进行日常保养，使工业机器人保持"整齐、清洁、润滑、安全"。

3）修好工业机器人

车间安排生产时应考虑和预留计划维修时间，防止带病运行。操作工要配合维修工修好设备，及时排除故障。要贯彻"预防为主，养为基础"的原则，实行计划预防修理制度，广泛采用新技术、新工艺，保证修理质量，缩短停机时间，降低修理费用，提高工业机器人的各项技术经济指标。

（2）工业机器人操作工"四会"基本功

1）会使用　操作工应先学习工业机器人操作规程，熟悉设备结构性能、传动装置，懂得加工工艺和工装工具在工业机器人上的正确使用；

2）会维护　能正确执行工业机器人维护和润滑规定，按时清扫，保持设备清洁完好；

3）会检查　了解设备易损零件部位，掌握检查项目、标准和方法，并能按规定进行日常检查；

4）会排除故障　熟悉设备特点，能鉴别设备正常与异常现象，懂得其零部件拆装注意事项，会做一般故障调整或协同维修人员进行排除。

（3）维护、使用工业机器人的"四项要求"

1）整齐　工具、工件、附件摆放整齐，设备零部件及安全防护装置齐全，线路管道完整；

2）清洁　设备内外清洁，无"黄袍"，各滑动面、丝杠、齿条、齿轮无油污，无损伤；各部位不漏油、漏水、漏气，铁屑清扫干净；

3）润滑　按时加油、换油，油质符合要求；油枪、油壶、油杯、油嘴齐全，油毡、油线清洁，油窗明亮，油路畅通；

4）安全　实行定人定机制度，遵守操作维护规程，合理使用，注意观察运行情况，不出安全事故。

（4）工业机器人操作工的"五项纪律"

① 凭操作证使用设备，遵守安全操作维护规程；

② 经常保持机床整洁，按规定加油，保证合理润滑；

③ 遵守交接班制度；

④ 管好工具、附件，不得遗失；

⑤ 发现异常立即通知有关人员检查处理。

5.2　工业机器人常见故障维修

5.2.1　工业机器人本体故障维修

（1）工业机器人常用电路符号（表 5-2）

表 5-2　工业机器人常用电路符号

符号	描述	符号	描述	符号	描述
	功能性等电位连接		功能性等电位连接		接地

续表

符号	描述	符号	描述	符号	描述
	功能性接地		保护接地		双芯线
	三芯线		四芯线		多芯线
	屏蔽保护		接触点		手动开关
	控制开关		旋钮开关		按钮开关
	急停开关		直通接头		过滤器
	指示灯		母插头		公插针
	变压器		直流电（DC）		交流电（AC）
	接触器				

（2）工业机器人本体电路图识读

1）图标识

① 如图 5-4 所示，图中标识的是 IRB120 工业机器人本体里电气元件端子的具体安装位置。

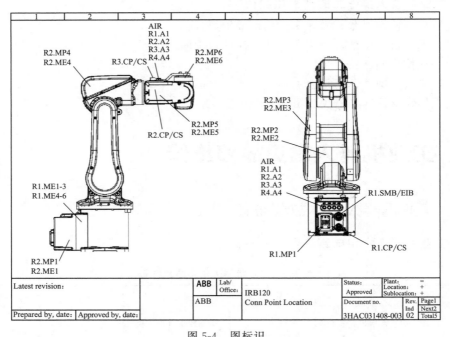

图 5-4　图标识

②电气元件端子有对应的唯一的编号，方便在查看电路图时快速定位电气元件的具体位置。

2）连接器

电缆已集成在机器人中，客户连接器安置在上臂壳体上，如图 5-5 所示，基座上也有一个。上臂壳体上有一个 UTOW01210SH05 连接器（R3. CP/CS）。对应的连接器 UTOW71210PH06（R1. CP/CS）位于基座上。压缩空气软管也集成在操纵器中。基座上有 4 个入口（R1/8″），上臂壳体上有 4 个出口（M5）。

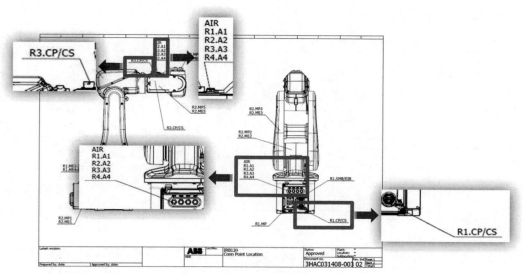

图 5-5　连接器

3）EIB 模块连接

如图 5-6 所示，EIB 模块主要是用于收集 6 个关节轴编码器的位置信息，并在机器人断

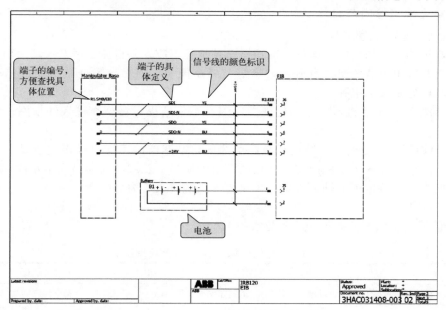

图 5-6　EIB 模块连接

电后通过电池继续供电，用于保存机器人本体的位置数据。信号线颜色为 RD（红）、BK（黑）、BU（蓝）、YE（黄）、WH（白）、WH/BU（白蓝）。

4）伺服电机的接线图（图 5-7）

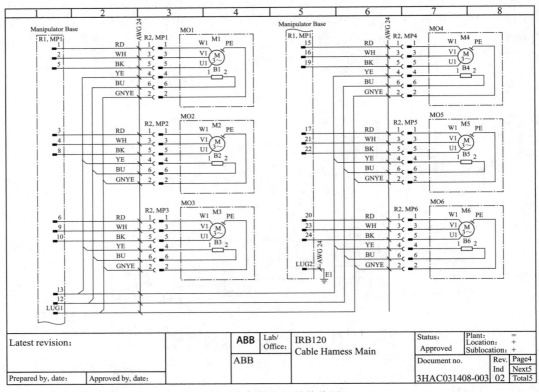

图 5-7　伺服电机的接线图

（3）常见故障诊断与维修

1）振动、噪声故障诊断

在工业机器人操作期间，电机、减速器、轴承等不应发出机械噪声及振动。出现故障的轴承之前通常发出短暂的摩擦声或者"嘀嗒"声及振动。轴承故障会造成路径精确度不一致，严重时可导致接头抱死。

① 振动原因。工业机器人振动出现的原因有轴承磨损；污染物进入轴承圈；轴承没有润滑。

② 噪声原因。常见的是由减速机故障引起的，减速器故障发出噪声主要是由减速机过热造成的。减速器过热主要原因有：使用的润滑油质量不佳或者油面高度不正确；工业机器人工作周期内运行特定关节轴太困难；齿轮箱内出现过大压力。

③ 故障处理。

a. 本体振动、噪声故障处理步骤见表 5-3。

表 5-3　本体振动、噪声故障处理步骤

步骤	操作实施	参考信息
1	在接近可能发热的工业机器人组件之前,请遵守安全操作规范	安全注意事项
2	确定发出噪声的轴承	

步骤	操作实施	参考信息
3	确定轴承有充分的润滑	请参考产品手册
4	如有可能,拆开接头并测量间距	
5	电机内的轴承不能单独更换,只能更换整个电机	请参考产品手册来更换有故障的电机
6	确定轴承正确装配	

b. 减速器故障处理步骤见表 5-4。

表 5-4　减速机故障处理步骤

步骤	操作实施	参考信息
1	在接近可能发热的工业机器人组件之前,应遵守安全操作规范	安全注意事项
2	检查油面高度和类型	
3	检查操纵器,执行特别复杂的复合工作。看是否装配有排油插销,如没有则建议购买	参考产品手册
4	在应用程序中写入一小段的"冷却周期"	

2）电机过热故障诊断

在工业机器人运行期间,示教器出现"20252"的报警信息,此报警信息表示工业机器人本体中电机温度过高。不要让电机主体的温度超过 105℃,否则可能会对电机造成损害。

① 原因。出现电机过热的原因可能有:电源电压过高或者下降过多;空气过滤器选件阻塞;电机过载运行;轴承缺油或者损坏。

② 故障处理,见表 5-5。

表 5-5　电机过热故障处理

序号	处理措施	参考信息
1	等待过热电机充分散热	安全注意事项
2	检查电源,调整电源电压的大小	
3	检查控制柜航空插头,并插好	
4	检查空气过滤器选件是否阻塞,如阻塞则请更换	参考产品手册
5	确定轴承有充分的润滑	
6	检查轴承是否损坏,电机内的轴承不能单独更换,只能更换整个电机	参考产品手册来更换有故障的电机
7	调整后利用程序来调整热量监控设置	

3）齿轮箱漏油/渗油故障诊断

齿轮箱周围的区域出现油泄漏的征兆。这种情况可能发生在底座、最接近的配合面,或者在分解器电机的最远端。除了外表肮脏之外,在某些情况下如果泄漏的油量非常少,就不会有严重的后果。但是在某些情况下,漏油会润滑电机制动闸,造成关机时操纵器失效。

① 原因。该症状可能由以下原因引起:齿轮箱和电机之间的防泄漏密封不符合要求;变速箱油面过高;使用的油的质量不佳或油面高度不正确;工业机器人工作周期内运行特定轴太困难;齿轮箱内出现过大压力。

② 故障处理,见表 5-6。

表 5-6　齿轮箱漏油/渗油故障处理

序号	诊断	处理
1	检查电机和齿轮箱之间的所有密封和垫圈。不同的操纵器型号使用不同类型的密封	更换密封和垫圈

续表

序号	诊断	处理
2	检查齿轮箱油面高度	
3	泄流器的温度最高可达到80℃	
4	齿轮箱过热可能由以下原因造成： • 使用的油的质量不佳或油面高度不正确。 • 机器人工作周期内运行特定轴太困难（研究是否可以在应用程序编程中写入小段的"冷却周期"）。 • 齿轮箱内出现过大的压力	检查油面高度和类型

4）关节故障诊断

在 Motors ON 状态下活动时操纵器能够正常工作，但在 Motors OFF 状态下活动时，它会因为自身的重量而损毁。与每台电机集成的制动闸不能承受操纵臂的重量。

该故障可能对在该区域工作的人员造成严重的伤害或者造成死亡，或者对操纵器或周围的设备造成严重的损坏。

① 原因：制动器故障；制动器的电源故障。

② 故障处理，见表 5-7。

表 5-7　关节故障诊断处理

序号	操作	参考信息
1	确定造成工业机器人损毁的电机	安全注意事项
2	在 Motors OFF 状态下检查损毁电机的制动闸电源	根据工业机器人和控制器的产品说明书中的电路图操作
3	拆下电机的分解器,检查是否有任何漏油的迹象	如果发现故障,必须根据工业机器人产品手册所述更换整个电机
4	从齿轮箱拆下电机,从驱动器一侧进行检查	如果发现故障,必须根据工业机器人产品手册所述更换整个电机

5.2.2　工业机器人控制系统故障维修

(1) 工业机器人控制柜电路图识读

ABB 机器人提供了详细的随机电子手册光盘（以 6.03 版本为例），全部的相关电路图也包含其中，打开控制柜电路图的路径如图 5-8 所示。

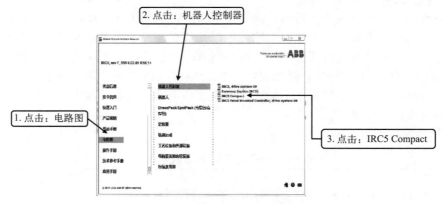

图 5-8　打开控制柜电路图的路径

1）通过目录查找电路图的基本信息（图 5-9）

Table of contents

Plant	Location	Page	Page description	Page supplementary field	Date	Editor
		1	COPYRIGHT		10/8/2014	CNYAWU2
		2	TITLE PAGE		10/8/2014	CNYAWU2
		3	…ntents:		10/8/2014	CNYAWU2
		4	…ntents:		10/8/2014	CNYAWU2
		5	…NFORMATION		10/8/2014	CNYAWU2
		6	Front View		10/8/2014	CNYAWU2
		7	Top View		10/8/2014	CNYAWU2
		8	Side View		10/8/2014	CNYAWU2
		9	BLOCK DIAGRAM		10/8/2014	CNYAWU2
		10	MAIN POWER INPUT		10/8/2014	CNYAWU2
		11	POWER SUPPLY DSQC 661 AND 662		10/8/2014	CNYAWU2
		12	SAFETY INPUT & OUTPUT		10/8/2014	CNYAWU2
		13	RUN CHAIN OPERATING MODE SELECTOR, 2 MODES		10/8/2014	CNYAWU2
		14	PROTECTIVE STOP		10/8/2014	CNYAWU2
		15	POWER UNIT SERVO DISCONNECTOR		10/8/2014	CNYAWU2
		16	RUN CHAIN EXT OPERATING MODE SELECTOR, 2MO…		10/8/2014	CNYAWU2
		17	FPU, FLEXPENDANT		10/8/2014	CNYAWU2
		18	Main Computer/AnybusCC/RS232 Exp./Interface Boar…		10/8/2014	CNYAWU2
		19	MAIN COMPUTER A31 DSQC1000		10/8/2014	CNYAWU2
		20	MAIN COMPUTER A31 DSQC1000 ; A32 DSQC1003		10/8/2014	CNYAWU2
		21	FIELDBUS ADAPTER A32:		10/8/2014	CNYAWU2
		22	DEVICENET A31.2 DSQC1006 / PROFITBUS DP A31.3 DSQC1005		10/8/2014	CNYAWU2
		23	DIGITAL I/O UNIT INPUT		10/8/2014	CNYAWU2
		24	DIGITAL I/O UNIT OUTPUT		10/8/2014	CNYAWU2
		25	DIGITAL PART OF COMBI I/O AND		10/8/2014	CNYAWU2
		26	DIGITAL I/O UNIT DSQC652		10/8/2014	CNYAWU2
		27	COMBI I/O UNIT DSQC651		10/8/2014	CNYAWU2
		28	RELAY I/O UNIT DSQC653		10/8/2014	CNYAWU2
		29	RELAY I/O UNIT DSQC653		10/8/2014	CNYAWU2
		30	REMOTE I/O UNIT DSQC350A		10/8/2014	CNYAWU2

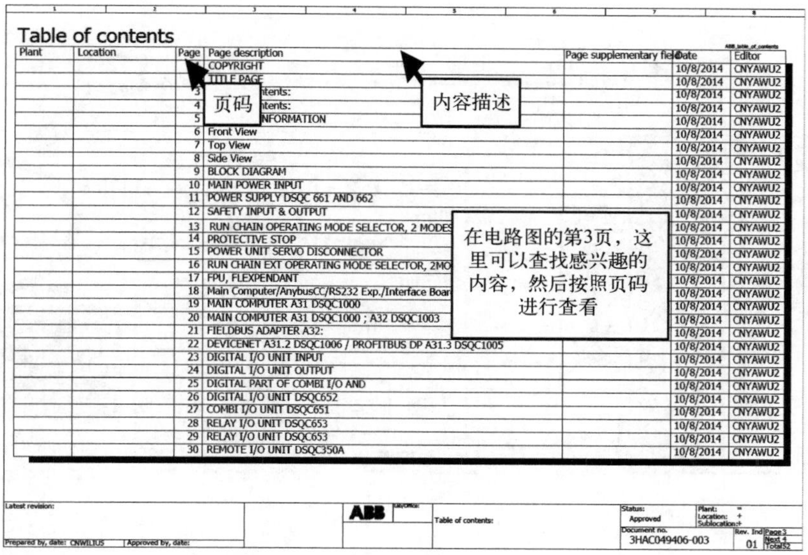

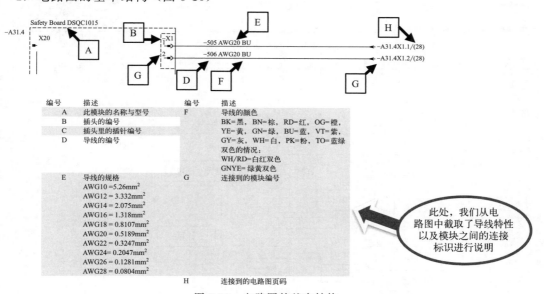

图 5-9　电路图的基本信息

2）电路图的基本结构（图 5-10）

编号	描述	编号	描述
A	此模块的名称与型号	F	导线的颜色 BK=黑，BN=棕，RD=红，OG=橙， YE=黄，GN=绿，BU=蓝，VT=紫， GY=灰，WH=白，PK=粉，TO=蓝绿 双色的情况： WH/RD=白红双色 GNYE=绿黄双色
B	插头的编号		
C	插头里的插针编号		
D	导线的编号		
E	导线的规格 AWG10 =5.26mm^2 AWG12 = 3.332mm^2 AWG14 = 2.075mm^2 AWG16 = 1.318mm^2 AWG18 = 0.8107mm^2 AWG20 = 0.5189mm^2 AWG22 = 0.3247mm^2 AWG24= 0.2047mm^2 AWG26 = 0.1281mm^2 AWG28 = 0.0804mm^2	G	连接到的模块编号
		H	连接到的电路图页码

此处，我们从电路图中截取了导线特性以及模块之间的连接标识进行说明

图 5-10　电路图的基本结构

3）控制柜各部位标号

如图 5-11 所示，在电路图的第 6 页，图中描述的控制柜各部位的标号及在控制柜的位置，后续电路图中不明白标号意义的可在视图中寻找。

4）块状图解析

电路图是从主到次，这样逐级细分到每一个接头进行描述的。要看懂这些符号的意思，就要先掌握本任务中符号与标识的含义。

如图 5-12 所示，块状图在电路图的第 9 页，清晰地表示出各单元之间的连接关系，能够帮助我们快速了解线路走向。

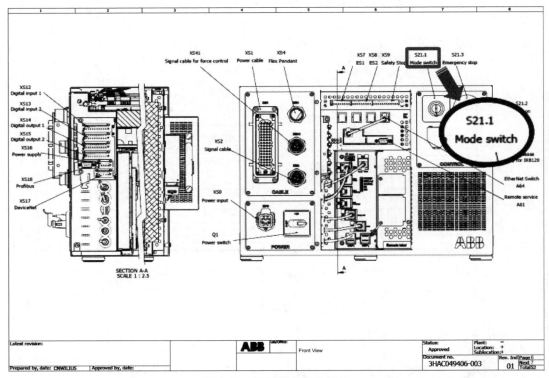

图 5-11　控制柜各部位标号

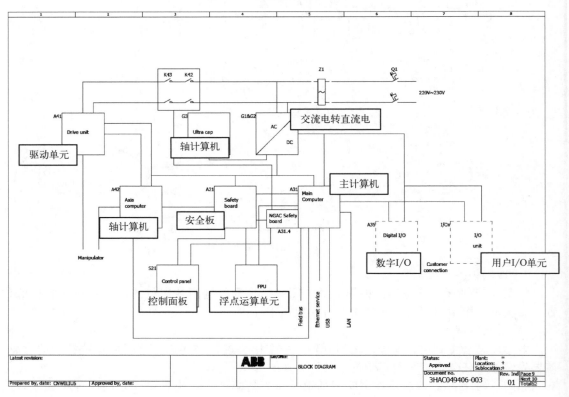

图 5-12　块状图

5）控制面板电路解析

① 如图 5-13 所示，截图为电路图的第 16 页，图中描述的是控制柜控制面板的控制按钮等与内部元部件之间的电路连接。

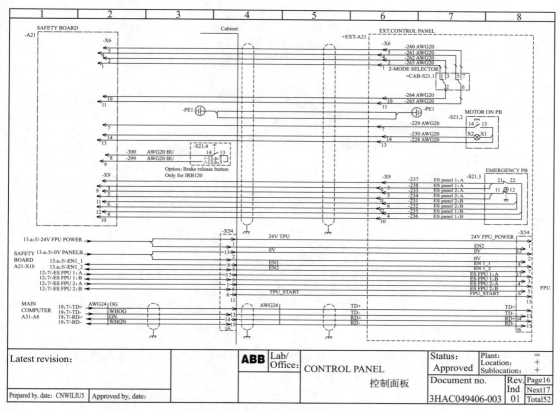

图 5-13　控制按钮等与内部元部件之间的连接

② 模块编号是为了连接而进行的编号。由图 5-14 所示局部放大的电路图可以看出，外

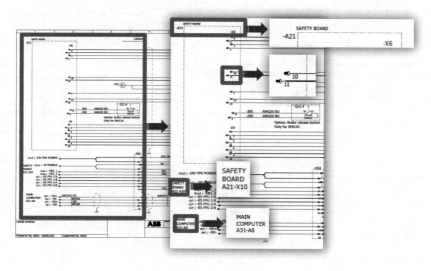

图 5-14　模块编号

部控制面板的线连接到模块的编号如 A21 安全板、A31 主计算机，模块中的插口编号如 X6，子模块如 A8，插口中引脚的编号如 10、11。

③ 如图 5-15 所示，截图中局部放大的图展示的是控制面板上抱闸按钮与安全板之间的连接。

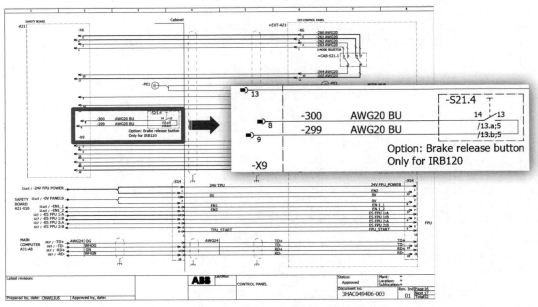

图 5-15　抱闸按钮与安全板之间的连接

④ 如图 5-16 所示，局部放大的电路图是模式切换按钮连接到安全板的线路，紧凑型控制柜支持两种模式切换：一种是手动减速模式，一种是自动模式。

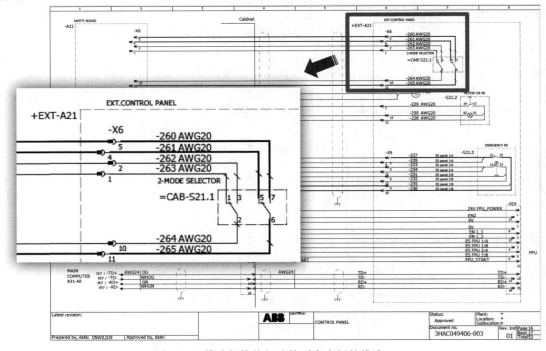

图 5-16　模式切换按钮连接到安全板的线路

⑤ 如图 5-17 所示，局部放大的电路图是接地保护线路。

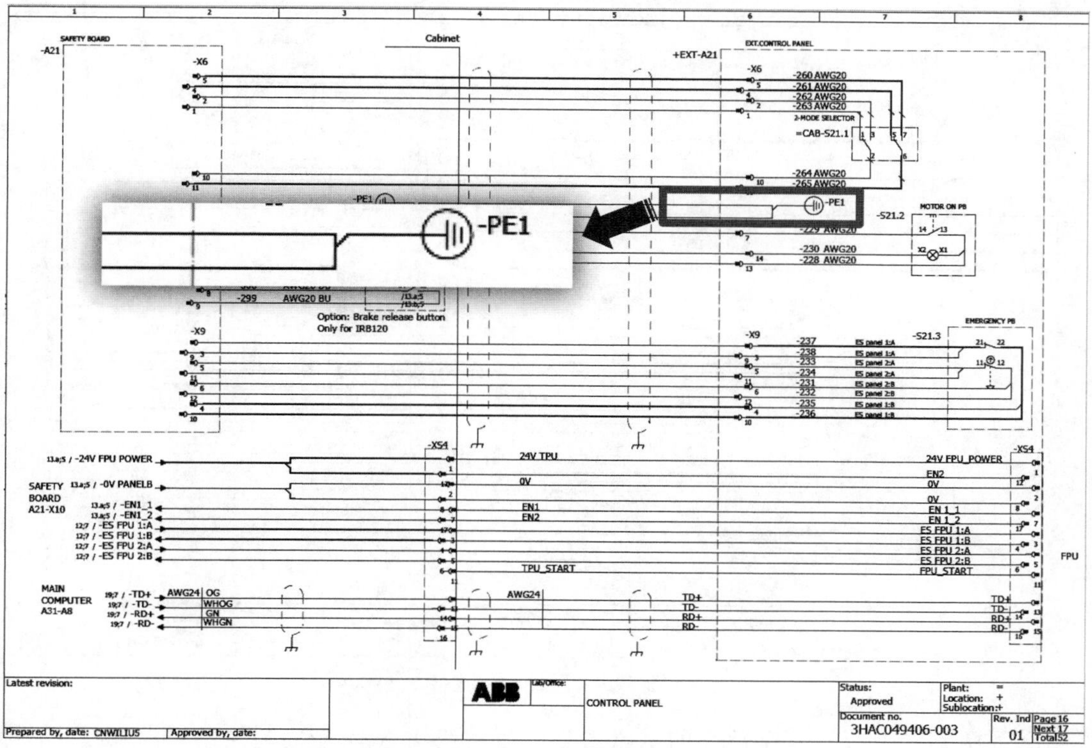

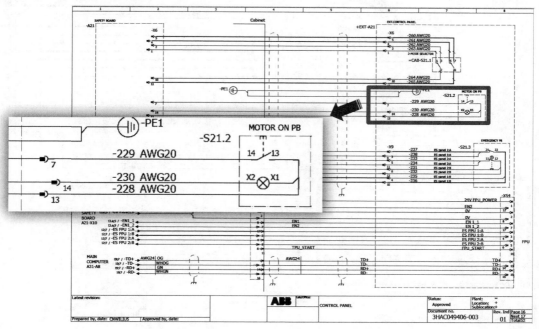

图 5-17　接地保护线路

⑥ 如图 5-18 所示，局部放大的电路图是电机上电按钮连接到安全板的线路，其中包含了按钮以及指示灯的接线。

图 5-18　电机上电按钮连接到安全板的线路

⑦ 如图 5-19 所示，局部放大的电路图是急停按钮连接到安全板的线路。

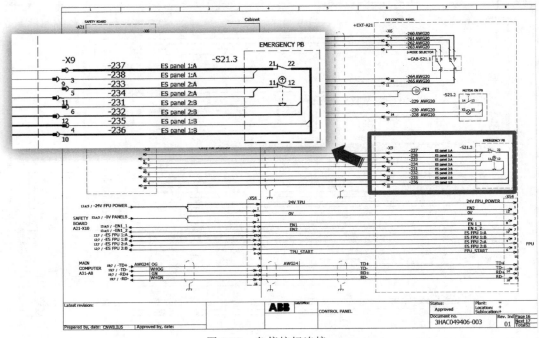

图 5-19　急停按钮连接

⑧ 如图 5-20 所示，局部放大的电路图是示教器线缆 XS4 连接到控制柜内部模块的线路，其中"13.a；5"代表在 13.a 页电路图的位置 5 区域的连线。

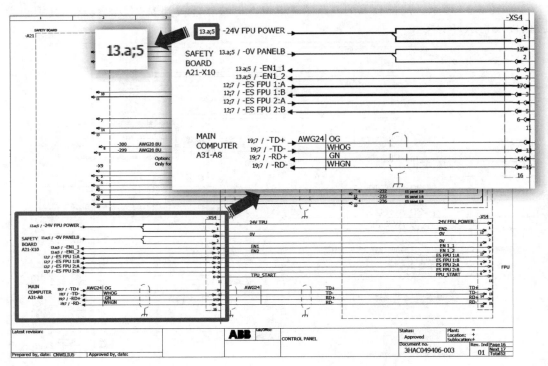

图 5-20　示教器线缆 XS4 连接

⑨ 如图 5-21 所示，局部放大的电路图是控制面板中的电路连接对应到"13.a；5"区域的连线。

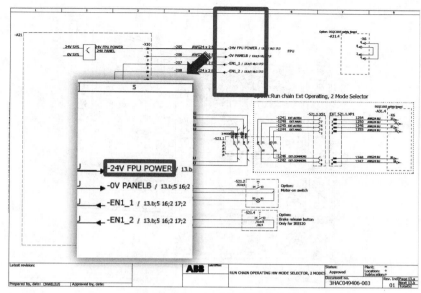

图 5-21　"13.a；5"区域的连线

⑩ 如图 5-22 所示，局部放大的电路图也是示教器线缆 XS4 连接到控制柜内部模块的线路。

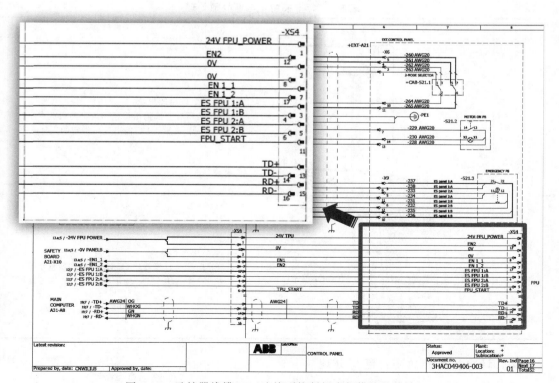

图 5-22　示教器线缆 XS4 连接到控制柜内部模块的线路

（2）电源故障诊断与处理

1）标准控制柜电源位置（图 5-23）

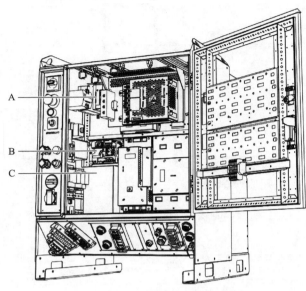

图 5-23　标准控制柜电源位置
A—客户 I/O 电源；B—配电板；C—系统电源

2）故障处理（表 5-8）

表 5-8　标准控制柜电源故障处理

序号	示意图	采取措施
1	A	客户 I/O 电源模块： 绿灯：所有直流输出都超出指定的最低水平。 关：一个或多个 DC 输出低于指定的最低水平
2	DC OK 指示器	系统电源模块： 绿灯：所有直流输出都超出指定的最低水平。 关：一个或多个 DC 输出低于指定的最低水平

（3）计算机单元故障诊断与处理

1）标准控制柜计算机单元部件位置（图 5-24，表 5-9）

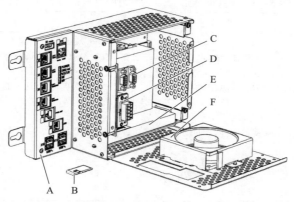

图 5-24　标准控制柜计算机单元部件位置（A～F 含义见表 5-9）

表 5-9　标准控制柜计算机单元

位置	名称
A	计算机单元
B	存储器
C	扩展板
D	PROFINET 现场总线适配器
	PROFIBUS 现场总线适配器
	Ethernet/IP 现场总线适配器
	DeviceNet 现场总线适配器
E	DeviceNet Master/Slave PCI express
	PROFIBUS-DP Master/Slave PCI express
F	带插座的风扇

2）计算机单元 LED 指示灯（图 5-25，表 5-10）

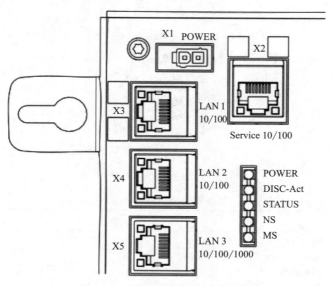

图 5-25　计算机单元 LED 指示灯

表 5-10　计算机单元 LED 指示灯意义与故障处理方式

描述	含义
POWER(绿)	正常启动: • 关,在正常启动期间,此 LED 熄灭,直到计算机单元内的 COM 快速模块启动。 • 长亮,启动完成后 LED 长亮。 启动期间遇到故障(闪烁间隔熄灭)。短闪 1 到 4 次后,1s 熄灭。这将持续到电源关闭为止。 • 检查电源、FPGA 和/或 COM 快速模块。 • 更换计算机装置。 运行时电源故障(闪烁间隔快速闪烁)。1 到 5 次正常闪烁,20 次快速闪烁。这将持续到电源关闭为止。 • 暂时性电压降低,重启控制器电源。 • 检查计算机单元的电源电压。 • 更换计算机装置
DISC-Act(黄)	磁盘活动:表示计算机正在写入 SD 卡
STATUS(红/绿)	启动过程: 1. 红灯长亮,正在加载 bootloader。 2. 红灯闪烁,正在加载镜像。 3. 绿灯闪烁,正在加载 RobotWare。 4. 绿灯长亮,系统就绪。 故障处理: • 红灯始终长亮,检查 SD 卡。 • 红灯始终闪烁,检查 SD 卡。 • 绿灯始终闪烁,查看 FlexPendant 或 CONSOLE 的错误消息
NS(红/绿)	网络状态:未使用
MS(红/绿)	模块状态:未使用

(4) 面板模块故障诊断 (图 5-26,表 5-11)

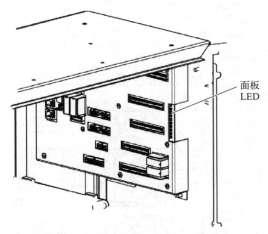

图 5-26　标准控制柜面板 LED 指示灯

表 5-11　标准控制柜面板 LED 指示灯意义

描述	含义
状态 LED	绿灯闪烁:串行通信错误。 持续绿灯:找不到错误,且系统正在运行。 红灯闪烁:系统正在加电/自检模式中。 持续红灯:出现串行通信错误以外的错误

描述	含义
指示 LED,ES1	黄灯在紧急停止(ES)链 1 关闭时亮起
指示 LED,ES2	黄灯在紧急停止(ES)链 2 关闭时亮起
指示 LED,GS1	黄灯在常规停止(GS)开关链 1 关闭时亮起
指示 LED,GS2	黄灯在常规停止(GS)开关链 2 关闭时亮起
指示 LED,AS1	黄灯在自动停止(AS)开关链 1 关闭时亮起
指示 LED,AS2	黄灯在自动停止(AS)开关链 2 关闭时亮起
指示 LED,SS1	黄灯在上级停止(SS)开关链 1 关闭时亮起
指示 LED,SS2	黄灯在上级停止(SS)开关链 2 关闭时亮起
指示 LED,EN1	黄灯在 ENABLE1＝1 且 RS 通信正常时亮起

（5）驱动模块故障诊断

1）标准控制柜驱动模块位置（图 5-27）

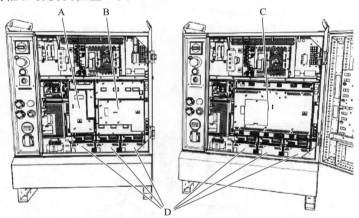

图 5-27　标准控制柜驱动模块位置

A—附加整流器单元（仅用于搭配小机器人的附加轴）；B—小机器人的主驱动单元；
C—大机器人的主驱动单元；D—附加驱动单元（用于附加轴）

2）驱动模块 LED 指示灯（图 5-28，表 5-12）

表 5-12　驱动模块 LED 指示灯意义

描述	含义
A	主驱动单元
B	主驱动单元以太网 LED
C	额外驱动单元
D	额外驱动单元以太网 LED
以太网 LED(B 和 D)	显示其他轴计算机(2、3 或 4)和以太网电路板之间的以太网通信状态。 • 绿灯熄灭:选择了 10Mbps 数据率。 • 绿灯亮起:选择了 100Mbps 数据率。 • 黄灯闪烁:两个单元正在以太网通道上通信。 • 黄色持续:LAN 链路已建立。 • 黄灯熄灭:未建立 LAN 链接

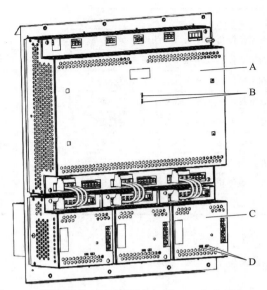

图 5-28 驱动模块 LED 指示灯（A～D 含义见表 5-12）

（6）轴计算机模块故障诊断

1）标准控制柜轴计算机模块位置（图 5-29）

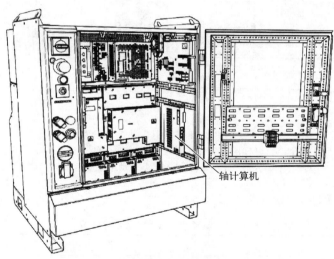

轴计算机

图 5-29 标准控制柜轴计算机模块位置

2）轴计算机 LED 指示灯（图 5-30，表 5-13）

表 5-13 轴计算机 LED 指示灯意义

描述	含义
状态 LED	启动期间的正常顺序： 1. 持续红灯：加电时默认。 2. 闪烁红灯：建立与主计算机的连接并将程序加载到轴计算机。 3. 闪烁绿灯：轴计算机程序启动并连接外围单元。 4. 持续绿灯：启动序列持续。应用程序正在运行。

描述	含义
状态 LED	以下的情况表明发生错误： • 熄灭：轴计算机没有电或者内部错误（硬件/固件）。 • 持续红灯（永久）：轴计算机无法初始化基本的硬件。 • 闪烁红灯（永久）：与主计算机的连接丢失，存在主计算机启动问题或者 RobotWare 安装问题。 • 闪烁绿灯（永久）：与外围单元的连接丢失或者存在 RobotWare 启动问题
以太网 LED	显示其他轴计算机（2、3 或 4）和以太网电路板之间的以太网通信状态。 • 绿灯熄灭：选择了 10Mbps 数据率。 • 绿灯亮起：选择了 100Mbps 数据率。 • 黄灯闪烁：两个单元正在以太网通道上通信。 • 黄色持续：LAN 链路已建立。 • 黄灯熄灭：未建立 LAN 链接

（7）接触器模块故障诊断

1）接触器模块（图 5-31）

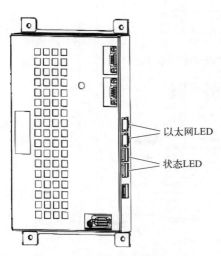

图 5-30 轴计算机 LED 指示灯

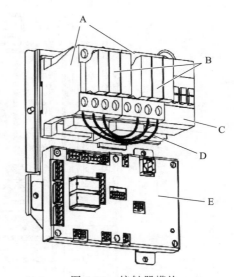

图 5-31 接触器模块

A—电机开机接触器；B—电机开机接触器；C—制动接触器；
D—跳线（3pcs）；E—接触器接口电路板

2）接触器模块 LED 指示灯（图 5-32，表 5-14）

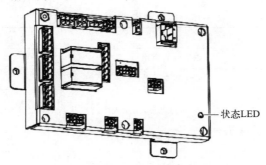

图 5-32 接触器模块 LED 指示灯

表 5-14　接触器模块 LED 指示灯意义

描述	含义
状态 LED	闪烁绿灯：串行通信错误。 持续绿灯：找不到错误，且系统正在运行。 闪烁红灯：系统正在加电/自检模式中。 持续红灯：出现串行通信错误以外的错误

(8) 标准 I/O 模块故障诊断（图 5-33，表 5-15，表 5-16）

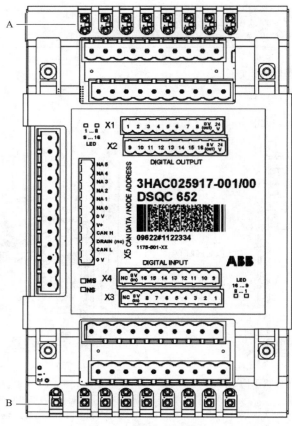

图 5-33　标准 I/O 模块

A—模块状态 LED 灯；B—网络状态 LED 灯

表 5-15　模块状态 LED 指示灯意义

LED 灯状态	描述	解决方法
熄灭	模块没有供电	检查供电
持续绿灯	模块正常工作	
闪烁绿灯	由于不完整或者不正确的组态，模块处于待机状态	检查系统参数； 检查事件日志
闪烁红灯	可恢复的轻微错误	检查事件日志
持续红灯	不可恢复的错误	更换模块

续表

LED 灯状态	描述	解决方法
红灯、绿灯闪烁	设备运行自检	如果闪烁时间较长,检查硬件

表 5-16　网络状态 LED 指示灯意义

LED 灯状态	描述	解决方法
熄灭	模块没有供电或不在线。 模块尚未通过 Dup_MAC_ID 测试	检查模块状态 LED 灯; 检查受影响模块的供电
持续绿灯	正常工作	检查网络中的其他节点是否正常运行 检查参数以查看模块是否具有正确的 ID
闪烁绿灯	设备在线,但在已建立的状态下没有连接	检查系统参数; 检查事件日志
闪烁红灯	一个或多个连接超时	检查系统信息
持续红灯	通信失败。设备检测到错误,导致无法在 网络上进行通信	检查系统信息和系统参数

5.2.3　按照事件日志信息进行故障诊断

（1）IRC5 支持的 3 种类型事件日志消息（表 5-17）

表 5-17　事件日志消息

类型	描述
Information	这些消息用于将信息记录到事件日志中,但是并不要求用户进行任何特别操作
警告	这些消息用于提醒用户系统上发生了某些无须纠正的事件,操作会继续。这些消息 会保存在事件日志中,但不会在显示设备上占据焦点
Error	这些消息表示系统出现了严重错误,操作已经停止。这些消息在需要用户立即采取 行动时使用

（2）组成

如图 5-34 所示，事件日志组成如下。

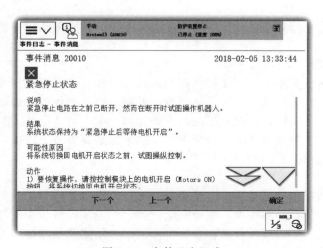

图 5-34　事件日志组成

编号：事件消息的编号。

符号：事件消息的类型。

名称：事件消息的名称。

说明：导致事件发生的动作。

结果：事件发生后机器人的状态。

可能性原因：有可能导致事件的原因。

动作：消除事件影响所需要做的步骤。

（3）编号说明（表5-18）

表5-18　编号说明

编号序列	事件类型
1××××	操作事件：与系统处理有关的事件
2××××	系统事件：与系统功能、系统状态等有关的事件
3××××	硬件事件：与系统硬件、机械臂以及控制器硬件有关的事件
4××××	程序事件：与RAPID指令、数据等有关的事件
5××××	动作事件：与控制机械臂的移动和定位有关的事件
7××××	I/O事件：与输入和输出、数据总线等有关的事件
8××××	用户事件：用户定义的事件
9××××	功能安全事件：与功能安全相关的事件
11×××	工艺事件：特定应用事件，包括弧焊、点焊等
12×××	配置事件：与系统配置有关的事件
13×××	油漆
15×××	RAPID
17×××	Connected Service Embedded（嵌入式连接服务）事件日志在启动、注册、取消注册、失去连接等事件中生成

5.2.4　位置传感器故障诊断与处理

（1）种类

位置传感器可用来检测位置，反映某种状态的开关。位置传感器有接触式和接近式（接近开关）两种。

1）接触式传感器

接触式传感器的触头由两个物体接触挤压而动作，常见的有行程开关、二维矩阵式位置传感器等。行程开关结构简单、动作可靠、价格低廉。当某个物体在运动过程中，碰到行程开关时，其内部触头会动作，从而完成控制。如在加工中心的X、Y、Z轴方向两端分别装有行程开关，则可以控制移动范围。二维矩阵式位置传感器安装于机械手掌内侧，用于检测自身与某个物体的接触位置。

2）接近开关

接近开关是指当物体接近其到设定距离时就可以发出"动作"信号的开关，它无须和物体直接接触。接近开关有很多种类，主要有电磁式、光电式、差动变压器式、电涡流式、电容式、干簧管、霍尔式等。接近开关在数控机床上的应用主要是刀架选刀控制、工作台行程控制、油缸及气缸活塞行程控制等。

（2）原因

位置传感器异常主要有以下几个方面的原因：接线错误；距离太远；传感器损坏。

（3）处理（表 5-19）

表 5-19　位置传感器异常处理

序号	处理措施	参考信息
1	接近开关分为两线制和三线制两种。两线制接近开关直接与负载串联后接通到电源上。三线制接近开关有两种不同的接线方法，即 NPN 型和 PNP 型	
2	调整传感器的位置，直到检测到感应信号为止	
3	更换位置传感器	见操作手册

（4）安全注意事项

所有正常的检修、安装、维护和维修工作通常在关闭全部电气、气压和液压动力的情况下执行。通常使用机械挡块等防止所有操纵器运动。在故障排除时通过在本地运行的工业机器人程序或者通过与系统连接的 PLC 从 FlexPendant 手动控制操纵器运动开始检修。

故障排除期间存在危险，在故障排除期间必须无条件地考虑这些注意事项：

① 所有电气部件必须视为带电的。

② 操纵器必须能够随时进行相应运动。

③ 由于安全电路可能已经断开或已绑在禁止正常启动的功能，因此系统必须能够执行相应操作。

5.3　工业机器人的校准

5.3.1　工业机器人本体的校准

工业机器人的机械原点如图 5-35 所示，用久了可能会变动，应实时进行校准，否则就会出现误差。

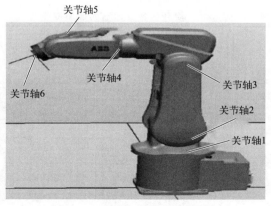

图 5-35　工业机器人的机械原点

（1）校准范围/标记

图 5-36 显示了机器人 IRB 460 上校准范围和标记的位置。

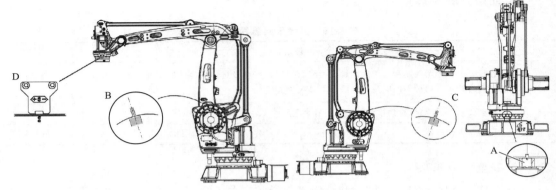

图 5-36　校准范围/标记

A—校准盘，轴 1；B—校准标记，轴 2；C—校准标记，轴 3；D—校准盘和标记，轴 6

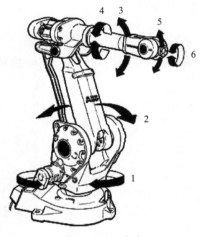

图 5-37　正方向

（2）校准运动方向

对所有六轴机器人而言，正方向都相同，如图 5-37 所示。

（3）校准

ABB 机器人 6 个关节轴各有一个机械原点的位置。在以下情况下，需要对机械原点的位置进行转数计数器的更新操作：

更换伺服电动机转数计数器电池后；

转数计数器发生故障并修复后；

转数计数器与测量板之间断开后；

断电后，机器人关节轴发生了移动；

当系统报警提示"10036 转数计数器未更新"时。

更新转数计数器的具体操作步骤如表 5-20 所示。

表 5-20　更新转数计数器的操作步骤

操作说明	操作界面
1. 右图为机器人六个关节轴的机械原点刻度示意图。注意，使用手动操纵让机器人各关节轴运动到机械原点刻度位置的顺序是：4→5→6→1→2→3。另外，不同型号机器人的机械原点刻度位置会有所不同，可参考 ABB 随机说明书	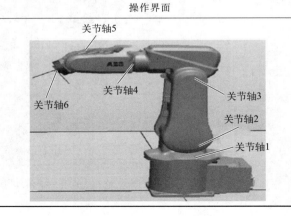

操作说明	操作界面
2. 在手动操纵菜单中，选择"轴 4-6"运动模式，将关节轴 4 运动到机械原点刻度位置	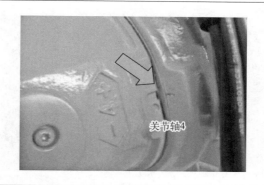
3. 同理，将关节轴 5 和关节轴 6 运动到机械原点刻度位置	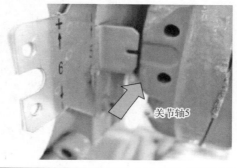 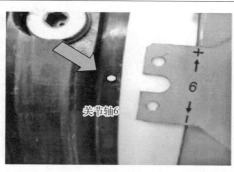
4. 在手动操纵菜单中，选择"轴 1-3"运动模式，分别将关节轴 1、2、3 运动到机械原点刻度位置	

操作说明	操作界面
4. 在手动操纵菜单中,选择"轴1-3"运动模式,分别将关节轴1、2、3运动到机械原点刻度位置	
5. 在 ABB 主菜单中选择"校准"	
6. 单击"ROB_1"	

操作说明	操作界面
7. 选择"校准 参数";选择"编辑电机校准偏移..."	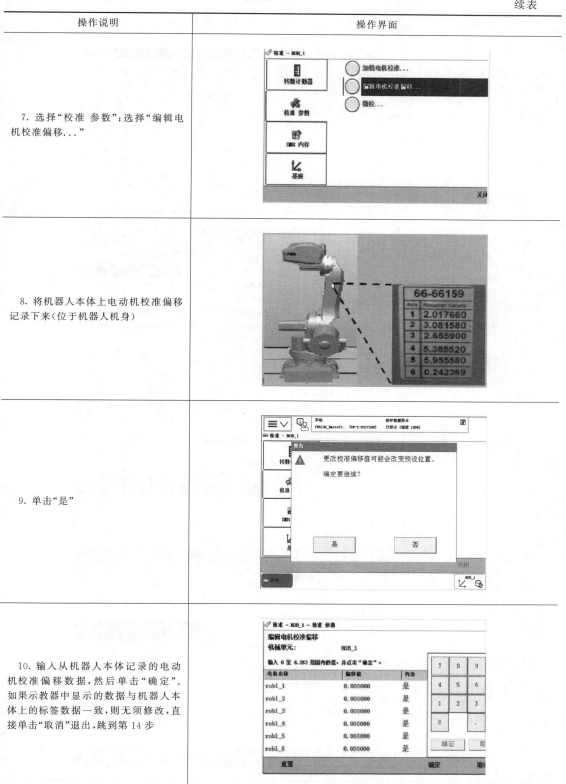
8. 将机器人本体上电动机校准偏移记录下来(位于机器人机身)	
9. 单击"是"	
10. 输入从机器人本体记录的电动机校准偏移数据,然后单击"确定"。如果示教器中显示的数据与机器人本体上的标签数据一致,则无须修改,直接单击"取消"退出,跳到第 14 步	

续表

操作说明	操作界面
11. 确定修改后,在弹出的重启对话框中单击"是"	
12. 重启后,ABB菜单中选择"校准"	
13. 单击"ROB_1"	
14. 选择"更新转数计数器…"	

续表

操作说明	操作界面
15. 单击"是"	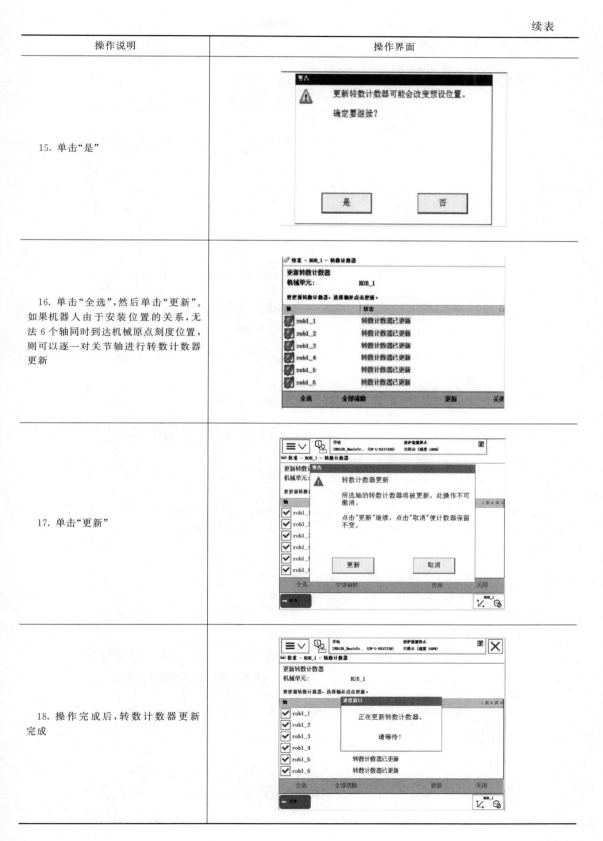
16. 单击"全选",然后单击"更新"。如果机器人由于安装位置的关系,无法 6 个轴同时到达机械原点刻度位置,则可以逐一对关节轴进行转数计数器更新	
17. 单击"更新"	
18. 操作完成后,转数计数器更新完成	

5.3.2 外部轴校准

外部轴校准的具体操作步骤如表 5-21 所示。

表 5-21 外部轴校准的操作步骤

操作步骤及说明	操作界面
1. 外部轴校准即外部轴零点的设定。首先在 ABB 主菜单中点击"控制面板"	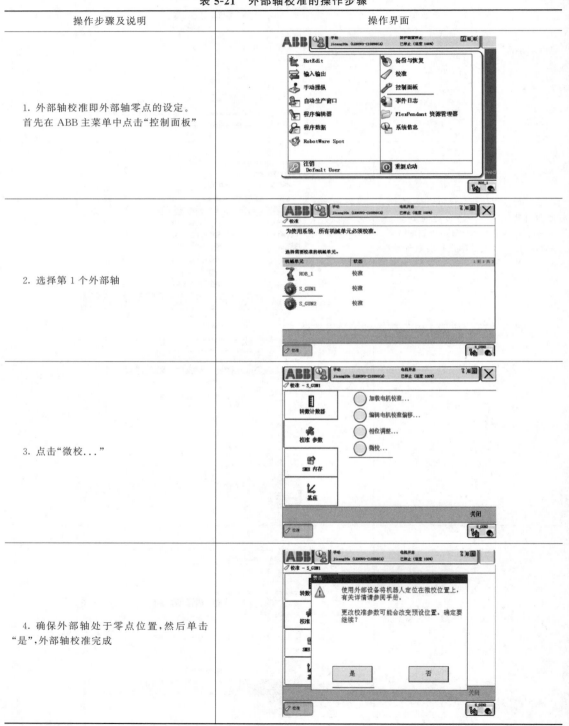
2. 选择第 1 个外部轴	
3. 点击"微校…"	
4. 确保外部轴处于零点位置,然后单击"是",外部轴校准完成	

5.4　功能检测

5.4.1　示教器功能检查

如图 5-38 所示，每天在开始操作之前，一定要先检查好示教器的所有功能，确保正常，触摸对象无漂移，否则的话可能会因为误操作而造成人身安全事故。

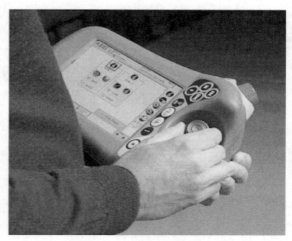

图 5-38　示教器功能检查

5.4.2　控制柜的功能测试

（1）紧急停止功能测试

一般地，在紧急情况下，第一时间按下急停按钮。如图 5-39 所示，ABB 工业机器人的

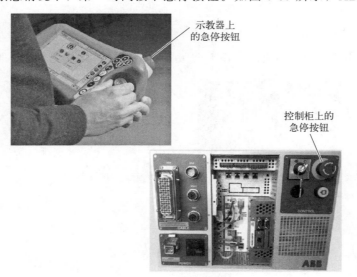

示教器上的急停按钮

控制柜上的急停按钮

图 5-39　紧急停止功能测试

急停按钮标配有两个，分别位于控制柜及示教器上。我们可以在手动与自动状态下对急停按钮进行测试并复位，确认功能正常。

（2）电机接触器检查

在开始检查作业之前，打开机器人的主电源。电机接触器检查步骤如图 5-40 所示。

1. 在手动状态下，按下使能器到中间位置，使机器人进入"电机上电"状态

(a) 步骤1

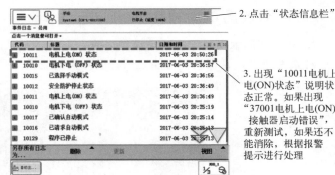

2. 点击"状态信息栏"

3. 出现"10011电机上电(ON)状态"说明状态正常。如果出现"37001电机上电(ON)接触器 启动错误"，重新测试，如果还不能消除，根据报警提示进行处理

(b) 步骤2、3

4. 在手动状态下，松开使能器

(c) 步骤4

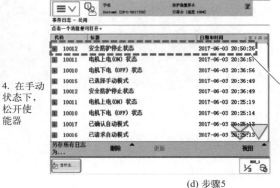

5. 出现"10012安全防护停止状态"说明状态正常，如果出现"20227电机接触器，DRV1"，请重新测试。如果还不能消除，根据报警提示进行处理

(d) 步骤5

图 5-40　电机接触器检查

（3）制动接触器检查

在开始检查作业之前，请打开机器人的主电源。制动接触器检查步骤如图 5-41 所示。

1. 在手动状态下，按下使能器到中间位置，使机器人进入"电机上电"状态。单轴慢速小范围移动机器人

(a) 步骤1

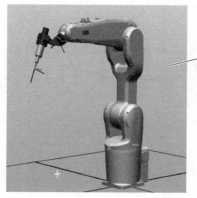

2. 细心观察机器人的运动是否流畅和是否有异响。轴1~6分别单独运动以进行观察。在测试过程中，如果出现"50056关节碰撞"，应重新测试。如果还不能消除，应根据报警提示进行处理

(b) 步骤2

3. 在手动状态下，松开使能器

(c) 步骤3

4. 出现"10012安全防护停止状态"说明状态正常。如果出现"37101制动器故障"，应重新测试。如果还不能消除，应根据报警提示进行处理

(d) 步骤4

图 5-41　制动接触器检查步骤

第6章
典型工业机器人工作站的集成

6.1 搬运工作站的集成

在建筑工地，在海港码头，总能看到大吊车，应当说吊车装运比起早期工人肩扛手抬已经进步多了，但这只是机械代替了人力，或者说吊车只是机器人的雏形，它还得完全依靠人操作和控制定位等，不能自主作业。图 6-1 所示的搬运机器人可进行自主的搬运。

图 6-1　搬运机器人

学习机器人工作站的集成，主要要掌握：PLC 简单逻辑编程；能根据常见品牌的 PLC 结合不同应用需求，进行集成方案适配；能编制典型工艺任务（如搬运码垛）的 PLC 控制程序；能识读电气原理图、电气装配图、电气接线图；能根据电气装配图及工艺指导文件，准备电气装配的工装工具；能根据电气装配图及工艺指导文件，准备需要装配的电气元件、导线及电缆线。

6.1.1 搬运机器人的分类和组成

如图 6-2 所示，从结构形式上看，搬运机器人可分为龙门式搬运机器人、悬臂式搬运机器人、侧壁式搬运机器人、摆臂式搬运机器人和关节式搬运机器人。

（1）龙门式搬运机器人

其坐标系主要由 X 轴、Y 轴和 Z 轴组成。其多采用模块化结构，可依据负载位置、大小等选择对应直线运动单元及组合结构形式（在移动轴上添加旋转轴便可成为四轴或五轴搬运机器人）。其结构形式决定其负载能力。其可实现大物料、重吨位搬运，采用直角坐标系，编程方便快捷，广泛运用于生产线转运及机床上下料等大批量生产过程，如图 6-3 所示。

（2）悬臂式搬运机器人

其坐标系主要由 X 轴、Y 轴和 Z 轴组成。其也可随不同的应用采取相应的结构形式（在 Z 轴的下端添加旋转轴或摆动轴就可以延伸成为四轴或五轴机器人）。此类机器人，多数结构为 Z 轴随 Y 轴移动，但有时针对特定的场合，Y 轴也可在 Z 轴下方，方便进入设备内部进行搬运作业。其广泛运用于卧式机床、立式机床及特定机床内部和冲压机热处理机床自动上下料，如图 6-4 所示。

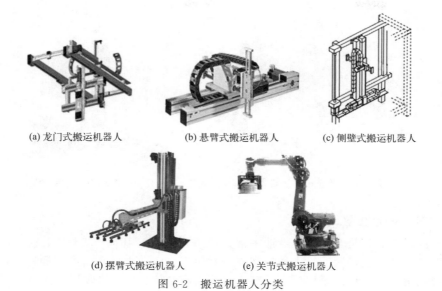

(a) 龙门式搬运机器人　　　(b) 悬臂式搬运机器人　　　(c) 侧壁式搬运机器人

(d) 摆臂式搬运机器人　　　(e) 关节式搬运机器人

图 6-2　搬运机器人分类

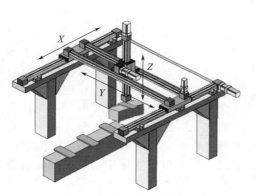

图 6-3　龙门式搬运机器人

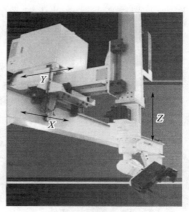

图 6-4　悬臂式搬运机器人

（3）侧壁式搬运机器人

其坐标系主要由 X 轴、Y 轴和 Z 轴组成。其也可随不同的应用采取相应的结构形式（在 Z 轴的下端添加旋转轴或摆动轴就可以延伸成为四轴或五轴机器人）。其专用性强，主要运用于立体库类，如档案自动存取、全自动银行保管箱存取系统等。图 6-5 所示为侧壁式搬运机器人在档案自动存储馆工作的情形。

（4）摆臂式搬运机器人

其坐标系主要由 X 轴、Y 轴和 Z 轴组成。Z 轴主要用于升降，也称为主轴。Y 轴的移动主要通过外加滑轨。X 轴末端连接控制器，其绕 X 轴转动，实现 4 轴联动。此类机器人具有较高的强度或稳定性，广泛应用于国内外生产厂家，是关节式机器人的理想替代品，但其负载程度相对于关节式机器人小。图 6-6 所示为摆臂式搬运机器人进行箱体搬运。

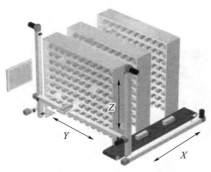

图 6-5　侧壁式搬运机器人

图 6-6　摆臂式搬运机器人

（5）关节式搬运机器人

关节式搬运机器人是当今工业产业中常见的机型之一，其拥有 5～6 个轴，行为动作类似于人的手臂，具有结构紧凑、占地空间小、相对工作空间大、自由度高等特点，适合于几乎任何轨迹或角度的工作。采用标准关节式机器人配合供料装置，就可以组成一个自动化加工单元。一个机器人可以服务于多种类型加工设备的上下料，从而节省自动化的成本。由于采用关节式机器人单元，自动化单元的设计制造周期短、柔性大，产品换型转换方便，甚至可以实现较大变化的产品形状的换型要求。有的关节式机器人可以内置视觉系统，对于一些特殊的产品还可以通过增加视觉识别装置对工件的放置位置、相位、正反面等进行自动识别和判断，并根据结果进行相应的动作，实现智能化的自动化生产，同时可以让机器人在装夹工件之余，进行工件的清洗、吹干、检验和去毛刺等作业，大大提高了机器人的利用率。关节式机器人可以落地安装、天吊安装或者安装在轨道上服务更多的加工设备。例如 FANUC R-1000iA、R-2000iB 等机器人可用于冲压薄板材的搬运，而 ABB IRB140、IRB6660 等多用于热锻机床之间的搬运。图 6-7 所示为关节式机器人进行钣金件搬运作业。

图 6-7　关节式搬运机器人

6.1.2　搬运机器人工作站硬件系统和软件系统的连接调试

搬运机器人是一个完整系统。以关节式搬运机器人为例，其工作站主要由操作机、控制系统、搬运系统（气体发生装置、真空发生装置和手爪等）和安全保护装置组成，如图 6-8 所示。

（1）搬运工作站硬件系统

搬运工作站硬件系统以 PLC 为核心，控制变频器、机器人的运行。

1）接口配置

PLC 选用 OMRON CPIL-M40DR. D 型，机器人本体选用安川 MH6 型，机器人控制器选用 DX100。根据控制要求，机器人与 PLC 的 I/O 接口分配见表 6-1。

CN308 是机器人的专用 I/O 接口，每个接口的功能是固定的，如：CN308 的 B1 输入接

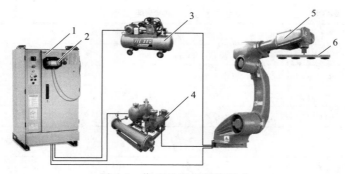

图 6-8 搬运机器人系统组成

1—机器人控制柜；2—示教器；3—气体发生装置；4—真空发生装置；5—操作机；6—端拾器（手爪）

口，其功能为"机器人启动"，当 B1 口为高电平时，机器人启动运行，开始执行机器人程序。

CN306 是机器人的通用 I/O 接口，每个接口的功能由用户定义，如：将 CN306 的 B1 输入接口（IN9）定义为"机器人搬运开始"，当 B1 口为高电平时，机器人开始搬运工件。

表 6-1 机器人与 PLC 的 I/O 接口信号

插头		信号地址	定义的内容	与 PLC 的连接地址
CN308	IN	B1	机器人启动	100.00
		A2	清除机器人报警和错误	101.01
	OUT	B8	机器人运行中	1.00
		A8	机器人伺服已接通	1.01
		A9	机器人报警和错误	1.02
		B10	机器人电池报警	1.03
		A10	机器人已选择远程模式	1.04
		B13	机器人在作业原点	1.05
CN306	IN	B1 IN♯（9）	机器人搬运开始	100.02
	OUT	B8 OUT♯（9）	机器人搬运完成	1.06

CN307 也是机器人的通用 I/O 接口，每个接口的功能由用户定义，如：将 CN307 的 B8、A8 输出接口（OUT17）定义为吸盘 1、2 吸紧功能，当机器人程序使 OUT17 输出为 1 时，YV1 得电，吸盘 1、2 吸紧。CN307 的接口功能定义见表 6-2。

表 6-2 机器人 I/O 接口信号

插头	信号地址	定义的内容	负载
CN307	A8（OUT17＋）/B8（OUT17－）	吸盘 1、2 吸紧	YV1
	A9（OUT18＋）/B9（OUT18－）	吸盘 1、2 松开	YV2
	A10（OUT19＋）/B10（OUT19－）	吸盘 3、4 吸紧	YV3
	A11（OUT20＋）/B11（OUT20－）	吸盘 3、4 松开	YV4

MXT 是机器人的专用输入接口，每个接口的功能是固定的。如 EXSVON 为机器人外部伺服 ON 功能，当 29、30 间接通时，机器人伺服电源接通。搬运工作站所使用的 MXT 接口见表 6-3，PLC I/O 地址分配见表 6-4。

表 6-3　机器人 MXT 接口信号

插头	信号地址	定义的内容	继电器
MXT	EXESP1＋(19)/EXESP1－(20)	机器人双回路急停	KA2
	EXESP2＋(21)/EXESP2－(22)		
	EXSVON＋(29)/EXSVON－(30)	机器人外部伺服 ON	KA1
	EXHOLD＋(31)/EXHOLD－(32)	机器人外部暂停	KA3

表 6-4　PLC I/O 接口信号

序号	PLC 输入地址	信号名称	序号	PLC 输出地址	信号名称
	输入信号			输出信号	
1	0.00	启动按钮	1	100.00	机器人启动
2	0.01	暂停按钮	2	100.01	清除机器人报警与错误
3	0.02	复位按钮	3	100.02	机器人搬运开始
4	0.03	急停按钮	4	100.03	变频器启停控制
5	0.06	输送线上料检测	5	100.04	变频器故障复位
6	0.07	落料台工件检测	6	101.00	机器人伺服使能
7	0.08	仓库工件满检测	7	101.01	机器人急停
8	1.00	机器人运行中	8	101.02	机器人暂停
9	1.01	机器人伺服已接通			
10	1.02	机器人报警/错误			
11	1.03	机器人电池报警			
12	1.04	机器人选择远程模式			
13	1.05	机器人在作业原点			
14	1.06	机器人搬运完成			

2）硬件电路

① PLC 开关量输入信号电路如图 6-9 所示。由于传感器为 NPN 电极开路型，且机器人的输出接口为漏型输出，故 PLC 的输入采用漏型接法，即 COM 端接＋24V。输入信号相关部件包括控制按钮和检测用传感器。

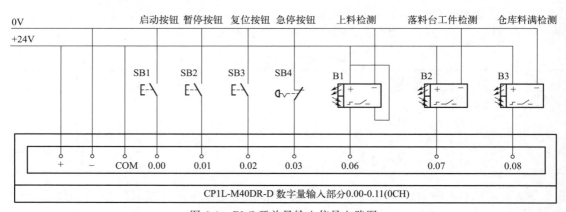

图 6-9　PLC 开关量输入信号电路图

② 机器人输出与 PLC 输入接口电路如图 6-10 所示。CN303 的 1、2 端接外部 DC 24V 电源，PLC 输入信号包括"机器人运行中""机器人搬运完成"等机器人的反馈信号。

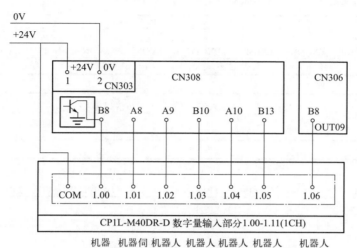

图 6-10　机器人输出与 PLC 输入接口电路图

③ 机器人输入与 PLC 输出接口电路如图 6-11 所示。由于机器人的输入接口为漏型输入，PLC 的输出采用漏型接法。PLC 输出信号包括"机器人启动""机器人搬运开始"等控制机器人运行、停止的信号。

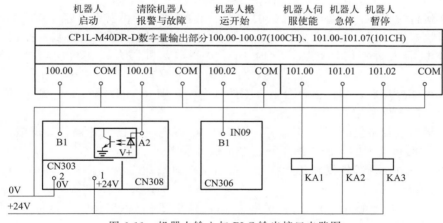

图 6-11　机器人输入与 PLC 输出接口电路图

④ 机器人专用输入 MXT 接口电路如图 6-12 所示。继电器 KA2 双回路控制机器人急停，KA1 控制机器人伺服使能，KA3 控制机器人暂停。

⑤ 机器人输出控制电磁阀电路如图 6-13 所示。通过 CN307 接口控制电磁阀 YV1～YV4，用于抓取或释放工件。

（2）搬运工作站软件系统

1）搬运工作站 PLC 程序

搬运工作站 PLC 参考程序如图 6-14 所示。

只有在所有的初始条件都满足时，W0.00 得电，按下启动按钮 0.00，101.00 得电，机

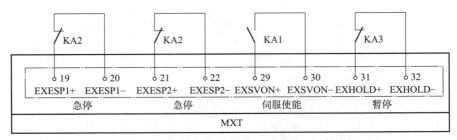

图 6-12   机器人专用输入 MXT 接口电路图

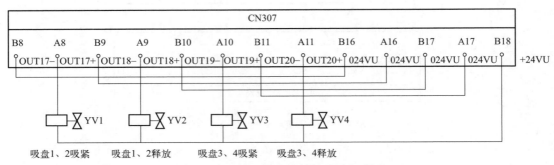

图 6-13   机器人输出控制电磁阀电路图

器人伺服电源接通；如果使能成功，机器人使能已接通反馈信号 1.01 得电，101.00 断电，使能信号解除；同时 100.00 得电，机器人程序启动，机器人开始运行程序，同时其反馈信号 1.00 得电，100.00 断电，程序启动信号解除。

如果在运行过程中，按暂停按钮 0.01，则 101.02 得电，机器人暂停，其反馈信号 1.00 断电。此时机器人的伺服电源仍然接通，机器人只是停止执行程序。按复位按钮 0.02，则 101.02 断电机器人暂停信号解除，同时 100.00 得电，机器人程序再次启动，继续执行程序。

机器人程序启动后，如果落料台上有工件且仓库未满（7 个），则 100.02 得电，机器人将把落料台上的工件搬运到仓库里。

如果在运行过程中按急停按钮 0.03，则 101.01 得电，机器人急停，其反馈信号 1.00、1.01 断电。此时机器人的伺服电源断开、停止执行程序。

急停后，只有使系统恢复到初始状态，按启动按钮，系统才可重新启动。

2）搬运工作站机器人程序

当 PLC 的 100.00 输出"1"时，机器人 CN308 的 B1 输入口接收到该信号，机器人启动，开始执行程序。

执行到 WAIT IN♯(9)＝ON 时，机器人等待落料台传感器检测工件。当落料台上有工件时，PLC 的 100.02 输出"1"，向机器人发出"机器人搬运开始"命令，机器人 CN306 的 9 号输出口接收到该信号，继续执行后面的程序。

由于工件在仓库里是层层码垛的，所以机器人每搬运一个工件，末端执行器要逐渐抬高，抬高的距离大于一个工件的厚度。标号＊L0～＊L6 的程序分别为码垛 1～7 个工件时，末端执行器的不同位置。

如果机器人急停，急停按钮复位后，选择示教器为"示教模式"，通过操作示教器使机器人回到作业原点，并将程序指针指向第一条指令。

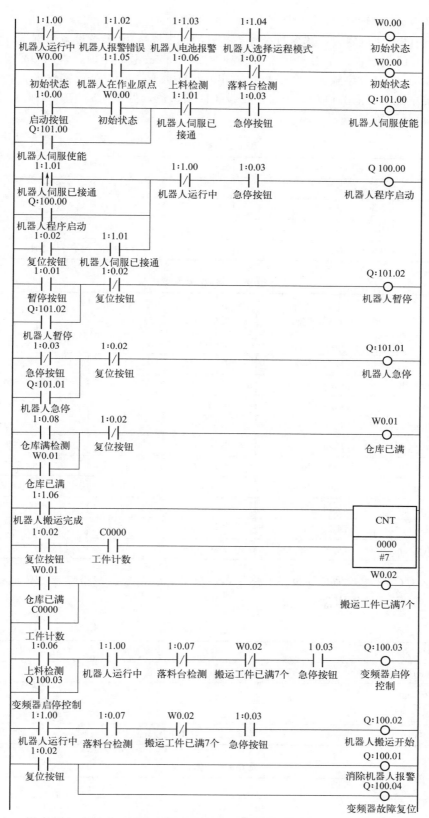

图 6-14 搬运工作站 PLC 参考程序

3）参数设置

不同系统的工业机器人，其参数设置是有异的，现以 ABB 参数设置为例予以介绍。

① 标准 I/O 板配置。ABB 标准 I/O 板挂在 DeviceNet 总线上面，常用型号有 DSQC651（8 个数字输入，8 个数字输出，2 个模拟输出），DSOC652（16 个数字输入，16 个数字输出）。在系统中配置标准 I/O 板，至少需要设置四项参数，见表 6-5。表 6-6 所示是某搬运工作站的具体信号配置。

表 6-5　参数项

参数名称	参数注释
Name	I/O 单元名称
Type of Unit	I/O 单元类型
Connected to Bus	I/O 单元所在总线
DeviceNet Address	I/O 单元所占用总线地址

表 6-6　具体信号配置

Nam（名称）	Type of Signal（信号类型）	Assigned to Unit（所在单元）	Unit Mapping（单元地址）	I/O 信号注解
di00_Buffer Ready	Digital Input	Board10	0	暂存装置到位信号
di01_Panel In Pick Pos	Digital Input	Board10	1	产品到位信号
di02_VacuumOK	Digital Input	Board10	2	真空反馈信号
di03_Start	Digital Input	Board10	3	外接"开始"
di04_Stop	Digital Input	Board10	4	外接"停止"
di05_StartAtMain	Digital Input	Board10	5	外接"从主程序开始"
di06_EstopReset	Digital Input	Board10	6	外接"急停复位"
di07_MotorOn	Digital Input	Board10	7	外接"电动机上电"
d032_VacuumOpen	Digital Output	Board10	32	打开真空
d033_AutoOn	Digital Output	Board10	33	自动状态输出信号
d034_Buffer Full	Digital Output	Board10	34	暂存装置满载

② 数字 I/O 配置。在 I/O 单元上创建一个数字 I/O 信号，至少需要设置四项参数，见表 6-7。表 6-8 所示是具体含义。

表 6-7　数字 I/O 配置

参数名称	参数注释
Name	I/O 信号名称
Type of Signal	I/O 信号类型
Assigned to Unit	I/O 信号所在 I/O 单元
Unit Mapping	I/O 信号所占用单元地址

表 6-8　具体含义

参数名称	参数说明
Name	信号名称（必设）

参数名称	参数说明
Type of Signal	信号类型（必设）
Assigned to Unit	连接到的 I/O 单元（必设）
Signal Identification Lable	信号标签。为信号添加标签，便于查看。例如将信号标签与接线端子上标签设为一致，如 Corm. X4、Pin 1
Unit Mapping	占用 I/O 单元的地址（必设）
Category	信号类别。为信号设置分类标签，当信号数量较多时，通过类别过滤，便于分类别查看信号
Access Level	写入权限。 Read Only：各客户端均无写入权限，只读状态。 Default：可通过指令写入或本地客户端（如示教器）在手动模式下写入。 All：各客户端在各模式下均有写入权限
Default Value	默认值。系统启动时其信号默认值
Filter Time Passive	失效过滤时间（ms）。防止信号干扰。如设置为 1000，则当信号置为 0，持续 1s 后才视为该信号已置为 0（限于输入信号）
Filter Time Active	激活过滤时间（ms）。防止信号干扰。如设置为 1000，则当信号置为 1，持续 1s 后才视为该信号已置为 1（限于输入信号）
Signal value at system failure and power fail	断电保持。判断当系统错误或断电时是否保持当前信号状态（限于输出信号）
Store signal Value at Power Fail	判断当重启时是否将该信号恢复为断电前的状态（限于输出信号）
Invert Physical Value	信号置反

③ 系统 I/O 配置。系统输入：将数字输入信号与机器人系统的控制信号关联起来，就可以通过输入信号对系统进行控制（例如，电动机上电、程序启动等）。

系统输出：机器人系统的状态信号也可以与数字输出信号关联起来，将系统的状态（例如，系统运行模式、程序执行错误等）输出给外围设备作控制之用。

系统 I/O 配置如表 6-9 所示，具体配置如表 6-10、表 6-11 所示。

表 6-9　系统 I/O 配置

Nam（名称）	Signal Nam（信号名称）	Action/Status（动作/状态）	Argument1	注释
System Input	di03_Start	Start	Continuous	程序启动
System Input	di04_Stop	Stop	无	程序停止
System Input	di05_StartAtMain	Start Main	Continuous	从主程序启动
System Input	di06_EstopReset	Reset Estop	无	急停状态恢复
System Input	di07_MotorOn	Motor On	无	电动机上电
System Output	do33_AutoOn	Auto On	无	自动状态输出

表 6-10　系统输入

系统输入	说明
Motor On	电动机上电
Motor On and Start	电动机上电并启动运行
Motor Off	电动机下电
Load and Start	加载程序并启动运行
Interrupt	中断触发

系统输入	说明
Start	启动运行
Start at Main	从主程序启动运行
Stop	暂停
Quick Stop	快速停止
Soft Stop	软停止
Stop at End for Cycle	在循环结束后停止
Stop attend of Instruction	在指令运行结束后停止
Reset Execution Error Signal	报警复位
Reset Emergency Stop	急停复位
System Restart	重启系统
Load	加载程序文件,适用后,之前适用 Load 加载的程序文件将被清除
Backup	系统备份

表 6-11　系统输出

系统输出	说明
Auto On	自动运行状态
Backup Error	备份错误报警
Backup in Progress	系统备份进行中状态,当备份结束或错误时信号复位
Cycle On	程序运行状态
Emergency Stop	紧急停止
Execution Error	运行错误报警
Mechanical Unit Active	激活机械单元
Mechanical Unit Not Moving	机械单元没有运行
Motor Off	电动机下电

6.1.3　AGV 物流的实现

移动操作臂由无人搬运小车（AGV）、协作机器人、电动夹爪和 2D 相机组成，如图 6-15 所示。移动机器人如图 6-16 所示。

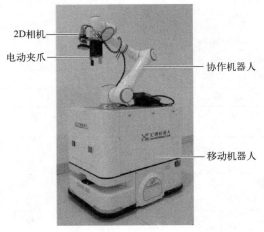

图 6-15　协作工业机器人型 AGV

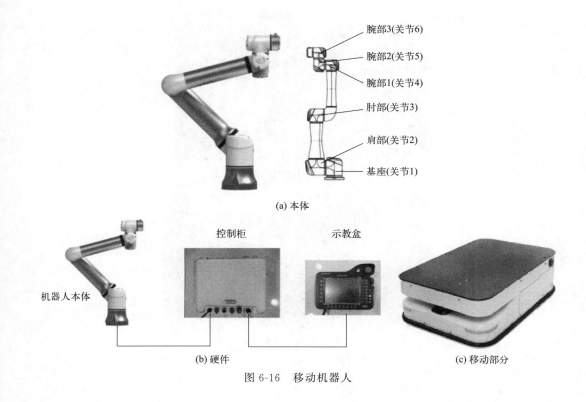

腕部3(关节6)
腕部2(关节5)
腕部1(关节4)
肘部(关节3)
肩部(关节2)
基座(关节1)

(a) 本体

控制柜　　　　示教盒

机器人本体

(b) 硬件　　　　　　　　　　　　　　　　　(c) 移动部分

图 6-16　移动机器人

6.2　具有视觉系统的工业机器人工作站的集成

6.2.1　视觉系统的安装与调试

如图 6-17 所示，一般来说，机器视觉系统包括了照明系统、镜头、摄像系统和图像处理系统。从功能上来看，典型的机器视觉系统可以分为：图像采集部分、图像处理部分和运动控制部分。

学习具有视觉系统的工业机器人工作站集成，主要需掌握视觉系统的硬件连接及软件安装；能完成视觉相机的网络配置与连接；能完成视觉识别的软件设置；能完成视觉传感器参数的调整。

6.2.2　硬件系统与软件系统的连接与调试

（1）硬件连接

1）连接原理

图 6-18 为某工业机器人视觉电路连接图，图 6-19 为信号连接图。

2）信号说明

① CCD-RUN（对应机器人程序中数字输入信号 CCD_Running）：在相机静态运行模式下为 1，在动态运行模式下为 0。相机在动态下是不可以进行正常拍照检测工作的，因此正确的使用方法为编辑流程时将"图像模式"调整为动态，当需要运行程序时要手动将"图像模式"调整为静态。即在 CCD_Running 为 1 的状态下，CCD-Finish 信号和 CCD-OK 信

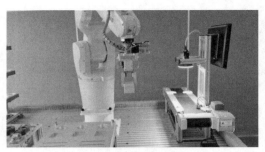

(a) 串联机器人的视觉系统

(b) 并联机器人的视觉系统

图 6-17　具有智能视觉检测系统的工业机器人系统

号才可以正常工作，否则全部判断结果均为 NG。

② CCD-FINISH（对应机器人程序中的数字输入信号 CCD-Finish）。CCD_Finish 为 CCD 中的 GATE 信号，信号为检测流程后综合判定的输出信号，提前于拍照结果 OR 信号（CCD_OK）发出。在实际运用中，如果 CCD_Finish 为 0 的话，就意味着场景的综合判定不正常，那么输出的拍照结果信号（CCD_OK）的值便不能作为检测依据使用。只有当 CCD_Finish 为 1 的时候，才表明综合判定正常，输出的拍照结果信号（CCD_OK）才是可用的。所以程序内必须确认等待当 CCD_Finish 为 1 时，才能对 CCD-OK 的判定结果做处理。需要注意的是，只有当 CCD 检测流程中的"并行数据"输出添加了【TJG】的表达式时，CCD-Finish 才会正常输出，否则该信号的值永远为 0。

③ CCD-OK（对应机器人程序中的数字输入信号 CCD-Finish）。此信号是判定检测产品 NG 和 OK 后的一个输出信号，当产品检测 OK 时，CCD-OK 输出结果为 1，NG 时为 0。但该信号为脉冲信号，只有在拍照执行信号（对应机器人输出信号 allowphoto）触发，判定 OK 后才会输出一个 1000m/s 的高电平，即 CCD-OK 值为 1。

综上所述，3 个信号都是常用的 CCD 输出信号，程序逻辑顺序为：场景调用→场景确认→等待 CCD_Running 为 1→拍照→等待 CCD_Finish 为 1→CCD_OK 结果输出→IF 指令对 CCD-OK 的结果进行处理。

（2）安装视觉模块

安装视觉模块包括如图 6-20 所示的内容，其步骤如下。

① 将视觉模块安装到如图 6-21 所示位置。

② 安装视觉模块的通信线，一端连接到通用电气接口板上 LAN2 接口位置，另一端连接到相机通信口，如图 6-22 所示。

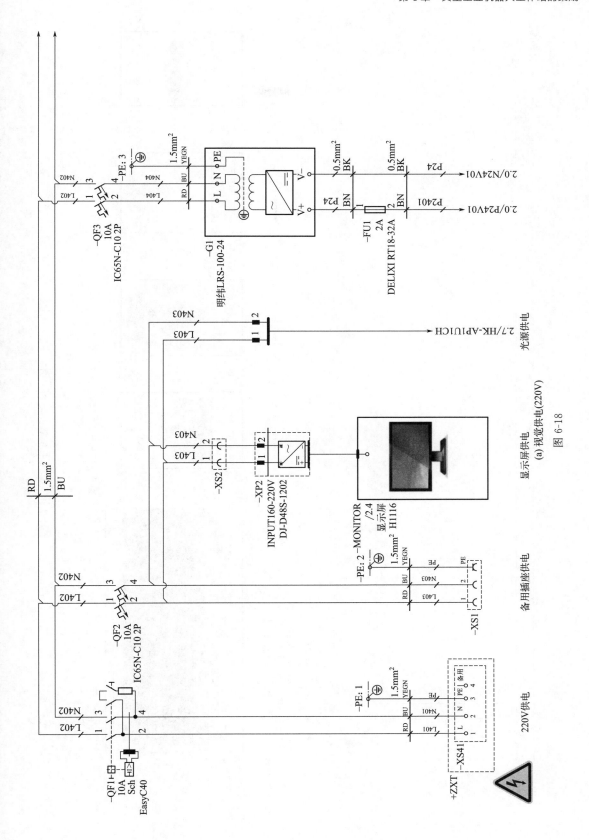

(a) 视觉供电(220V)

图 6-18

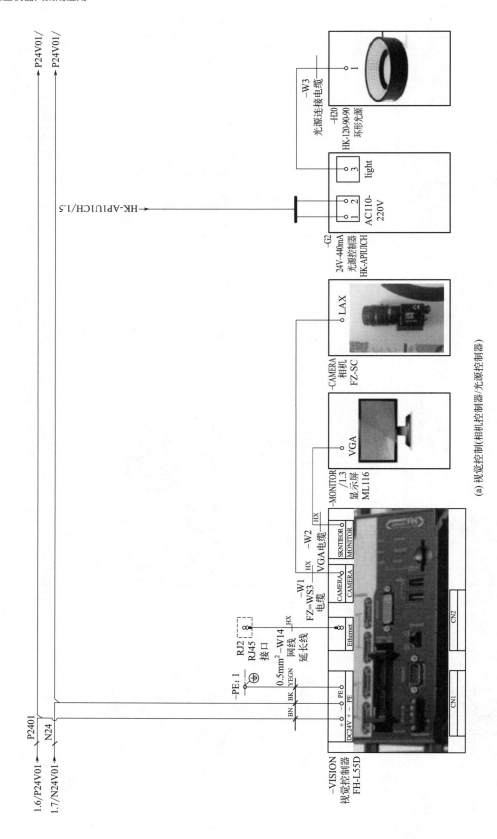

图 6-18　某工业机器人视觉电路连接图

(a) 视觉控制(相机控制器/光源控制器)

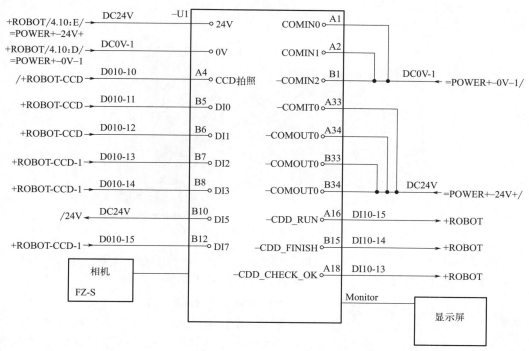

图 6-19 视觉信号连接图

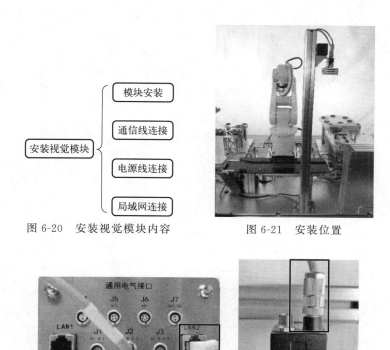

图 6-20 安装视觉模块内容　　图 6-21 安装位置

图 6-22 视觉模块通信线的安装

③ 安装视觉模块的电源线，一端连接到通用电气接口板上 J7 接口位置，另一端连接到相机电源口，如图 6-23 所示。

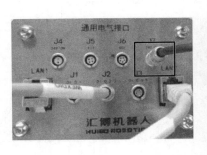

图 6-23　视觉模块电源线的安装

④ 安装局域网网线，将电脑和相机连接到同一局域网。网线一端接到电脑的网口，网线另一端接到通用电气接口板上的 LAN1 网口，如图 6-24 所示。

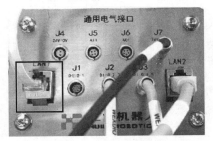

图 6-24　视觉模块局域网网线的安装

(3) 调整视觉参数

视觉参数的调试是为了得到高清画质的图形，获取更加准确的图形数据。相机参数调试的主要内容包括：图像亮度、曝光（时间）、光源强度、焦距等参数。这些参数的调试需要在视觉编程软件中进行，具体调试步骤如图 6-25 所示。

1）测试相机网络

① 手动将电脑的 IP 地址设为 192.168.101.88，子网掩码为 255.255.255.0，单击"确定"完成 IP 设置，如图 6-26 所示。

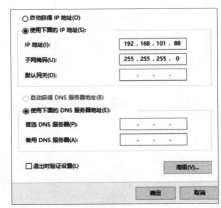

图 6-26　设置电脑 IP 地址

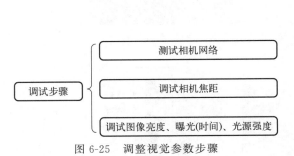

图 6-25　调整视觉参数步骤

② 打开 Insight 软件，点击菜单栏中的"系统"下的"将传感器/设备添加到网络"，输入相机的 IP 地址 192.168.101.50，点击"应用"，如图 6-27 所示。

③ 在开始→运行中打开命令提示符窗口，输入"ping 192.168.101.50"，测试电脑与相机之间的通信。若能收发数据包，说明网络正常通信，如图 6-28 所示。

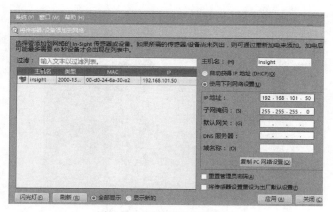

图 6-27　设置相机 IP 地址

2）调试相机焦距

① 打开视觉编程软件 In-Sight 浏览器，如图 6-29 所示。

图 6-28　测试电脑与相机之间的通信

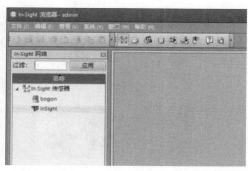

图 6-29　打开视觉编程软件

② 双击"In-Sight 网络"下的"InSight"，自动加载相机中已保存的工程，如图 6-30 所示。

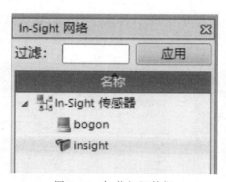

图 6-30　加载相机数据

③ 相机模式设为实况视频模式，即相机进行连续拍照，如图 6-31 所示。

图 6-31　设置相机模式

④ 相机实况视频拍照如图 6-32 所示，当前焦点为 4.12。

图 6-32　相机实况拍照

⑤ 使用一字旋具，正逆时针旋转相机焦距调节器。直到相机拍照获得的图像清晰为止，如图 6-33 所示，当前焦点为 4.15。

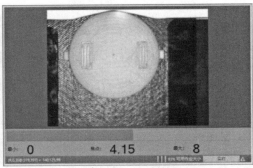

图 6-33　调焦距

3）图像亮度

主要内容包括调试图像亮度、曝光（时间）和光源强度等。

① 单击"应用程序步骤"下的"设置图像"，如图 6-34 所示。

② 选择"灯光"→"手动曝光"，然后调试"目标图像亮度""曝光""光源强度"参数，如图 6-35 所示。

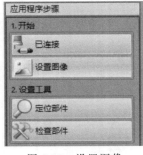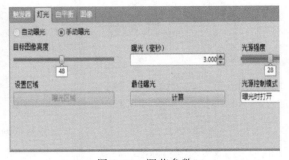

图 6-34　设置图像　　　　　　　　　　图 6-35　调节参数

③ 重复步骤②，直到图像颜色和形状的清晰度满足要求为止，如图 6-36 所示。

图 6-36　调节清晰度

(4) 测试视觉数据

下载 sscom 串口调试助手软件，测试相机通信数据，操作步骤如下。

① 视觉编程软件中，单击联机按钮，切换到联机模式，如图 6-37 所示。

图 6-37　切换到联机模式

② 打开通信调试助手，选择"TCP Client"模式。相机进行 TCP_IP 通信时，相机为服务器，工业机器人或其他设备为客户端。打开通信调试助手，输入相机的 IP 地址："192.168.101.50"，端口号"3010"，建立通信连接，如图 6-38 所示。

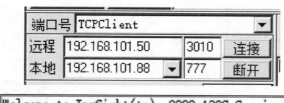

图 6-38　建立通信连接

③ 发送指令"admin"到相机。通信调试助手收到相机返回的数据"Password"，如图 6-39 所示。

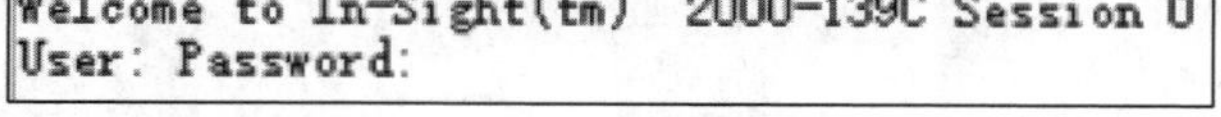

```
Welcome to In-Sight(tm)  2000-139C Session 0
User: Password:
```

图 6-39　收到相机返回的数据"Password"

④ 发送指令""到相机，通信调试助手收到相机返回的数据"User Logged In"，如图 6-40 所示。

⑤ 发送指令"se8"到相机，控制相机执行一次拍照，通信调试助手收到相机返回的数据"1"，代表指令发送成功。

⑥ 发送 GVFlange.Fixture.X 到相机，通信调试助手收到相机返回的数据"1""156.105"。"1"代表指令发送成功，"156.105"代表工件在 X 方向的位置，如图 6-41

所示。

```
Welcome to In-Sight(tm)  2000-139C Session O
User: Password: User Logged In
```

图 6-40　收到相机返回的数据"User Logged In"

```
Welcome to In-Sight(tm)  2000-139C Session O
User: Password: User Logged In
1
1
156.105
```

图 6-41　收到相机返回的数据"1""156.105"

6.2.3　工业视觉系统典型应用

工业视觉系统主要有图像识别、图像检测、视觉定位、物体测量和物体分拣五大典型应用，这五大典型应用也基本可以概括出工业视觉技术在工业生产中能够起到的作用。

（1）图像识别应用

图像识别是利用工业视觉系统对图像进行处理、分析和理解，以识别各种不同模式的目标和对象，如图 6-42 所示。

（2）图像检测应用

图像检测是工业视觉系统最主要的应用之一，几乎所有产品都需要检测，如图 6-43 所示。

（3）视觉定位应用

视觉定位要求工业视觉系统能够快速准确地找到被测零件并确认其位置，如图 6-44 所示。

图 6-42　字符识别　　　　　图 6-43　焊缝检测 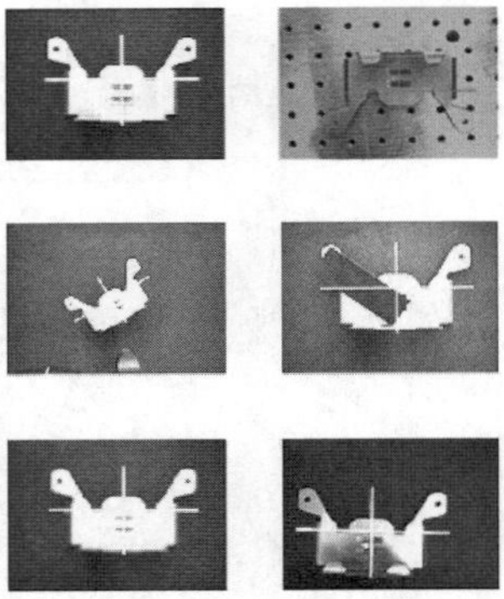　　　　　图 6-44　视觉定位

（4）物体测量应用

工业视觉最大的特点就是其非接触测量技术，同样具有高精度和高速度的性能，如图 6-45 所示。非接触、无磨损，消除了接触测量可能造成的二次损伤隐患。

（5）物体分拣应用

物体分拣应用是在识别、检测之后，通过工业视觉系统将图像进行处理，实现分拣，如

图 6-46 所示。

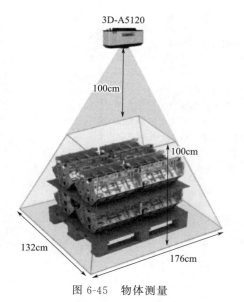

图 6-45　物体测量

图 6-46　物体分拣

参 考 文 献

［1］ 张培艳．工业机器人操作与应用实践教程［M］．上海：上海交通大学出版社，2009.

［2］ 邵慧，吴凤丽．焊接机器人案例教程［M］．北京：化学工业出版社，2015.

［3］ 韩鸿鸾，等．工业机器人操作与作用一体化教程［M］．西安：西安电子科技大学出版社，2020.

［4］ 韩鸿鸾，等．工业机器人操作［M］．北京：化学工业出版社，2020.

［5］ 袁有德．弧焊机器人现场编程及虚拟仿真［M］．北京：化学工业出版社，2020.

［6］ 韩鸿鸾，等．工业机器人离线编程与仿真一体化教程［M］．西安：西安电子科技大学出版社，2020.

［7］ 韩鸿鸾，等．工业机器人机电装调与维修一体化教程［M］．西安：西安电子科技大学出版社，2020.

［8］ 韩鸿鸾，等．工业机器人的组成一体化教程［M］．西安：西安电子科技大学出版社，2020.

［9］ 韩鸿鸾，等．工业机器人工作站的集成一体化教程［M］．西安：西安电子科技大学出版社，2022.

［10］ 韩鸿鸾．工业机器人现场编程与调试一体化教程［M］．西安：西安电子科技大学出版社，2021.